新手父母

2~6歲幼兒蔬食營養全書

國內第一本專為學齡前孩童規畫的純素VEGAN飲食指南

台北慈濟醫院營養科 總策畫．台北慈濟醫院小兒科醫師 **余俊賢**&

6位營養師 **林育芳、郭詩晴、張亞琳、胡芳晴、姚荼瓊、郭柏良**◎合著

CONTENTS

蔬菜多多大阪燒 p.100

迷迭香鷹嘴豆佐飯 p.110

五彩香菇粥 p.128

CONTENTS

Part 3 全素食幼兒健康食譜

豆漿燉飯 p.138

〔素食幼兒營養補給站〕

玫瑰煎餃 p.152

脆絲飯糰套餐 p.166

上菜囉！

CONTENTS

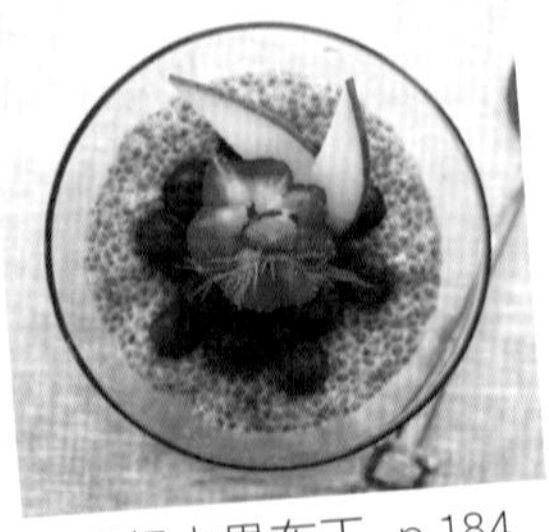
奇亞籽水果布丁 p.184

抹茶紅麴藜麥饅頭 p.185

燕麥杏鮑菇油飯 p.195

讓蔬食孩子吃得快樂又安心

文／**趙有誠** 佛教慈濟醫療財團法人台北慈濟醫院 院長

隨著生活水平提升，營養過剩、營養失調，加上飲食過於精製，大家都面臨體重過重及三高危機。近年來，「蔬食」逐漸受到重視，茹素家庭父母因飲食習慣或宗教信仰加入蔬食行列後，自然希望孩子能從小培養「蔬食」的習慣，「胎裡素」、「孩童營養」等議題也應運而生。

學齡前期兒童的成長發育相當重要，家長可能會困惑，蔬食的孩子如何才能獲得均衡營養？目前台灣的素食營養書籍雖然普遍，但卻獨漏了 2 ～ 6 歲學齡前期孩子的飲食建議。台北慈濟醫院營養師及兒科醫師相當用心的發現了這一段相對被遺忘的年齡群，團隊積極參考文獻，從專業角度出發，推出《2 ～ 6 歲幼兒蔬食營養全書》。

全書以嚴謹的科學態度、創新的思維架構，區分為三大部分，第一部份從兒科醫師觀點，針對茹素家庭常見問題如：茹素易營養熱量不足？孩子易因缺鐵貧血？茹素孩童體能較差？……等逐一說明解答。

第二部分從營養師的角度進一步補充，素食兒童的營養要點，包括：一日飲食建議量、食材食物挑選，簡明易懂的飲食方針，相信對媽媽能有不少幫助。第三部分提供許多美味健康食譜，從大阪燒、義大利麵、香菇粥、五彩雲吞到美味飯捲與壽司，種類應有盡有，除做法外，清楚註明了營養成分分析與營養師的叮嚀，讓孩子們吃得快樂又安心。

今年是我自己茹素的第八年，茹素後我不僅每天精神飽滿，體能充沛，連多年偏高的膽固醇指數也回歸正常。「蔬食」飲食的好處相當多，不只保護自己的身體健康，蔬食也是不殺生，環保愛地球的實踐。

《2 ～ 6 歲幼兒蔬食營養全書》讓開始蔬食的年齡更方便向前推展，期望這本極具教育的書籍，能支持茹素家庭的飲食習慣及信仰，悲智雙運。

蔬食是一種健康飲食型態的選擇

文／吳晶惠 佛教慈濟醫療財團法人台北慈濟醫院 營養科主任

素食的人口隨著健康意識的抬頭而升高，近年來茹素的原因不再只局限於宗教因素，更多的是因為健康環保的意識以及食安問題的考量。素食已經不是狹隘的飲食限制而是另一種生活型態的選擇。

這股風潮隨著新型態蔬食餐廳的增加，我們就可以隱約發現社會大眾的飲食方式正悄悄的融入蔬食這項選擇，甚至蔬食的飲食選擇還帶點時尚的風味。

但是，蔬食的飲食選擇應該不只是新鮮的盲從也不是過度的自我限制，我們期待以我們的專業傳達給大家正確的蔬食飲食方式，讓大家可以輕輕鬆鬆吃到滿口的健康與無負擔的自然食物。

引導學齡前兒童該如何正確的由蔬食中攝取生長所需的營養，是這本書的初衷，我們期待能解除家長們在飲食上的疑惑，並且設定不同的情境讓家長輕鬆執行。

本書的起頭由專業的小兒科余醫師來說明：學齡前的小朋友是否適合蔬食的飲食方式？蔬食的飲食方式會不會造成小朋友鈣質不足進而影響身高與體力的展現？會不會因為蔬食的飲食內容而減少攝取了某些營養素，造成小孩營養不均衡，抵抗力弱容易生病？豆類的攝取會不會造成小朋友的腸道不適？

余醫師精闢的引言，讓營養師依循此脈絡針對各個年齡層小朋友五大營養素的每日需求量來說明，進一步再針對如何製作出讓小朋友營養均衡含有高鈣的食譜示範以及如何烹飪出保護眼睛與增強免疫力，好吃又吸引小朋友的餐點，並且示範如何把孩子不愛吃的食物變好吃，解決家裡的剩菜問題。點心，是學齡前小朋友每日所必須的，如何提供合適的點心來增加必需的營養是每個家長都需重視的，本書的結尾就針對這個部分來進行解說。

蔬食的飲食方式能提供學齡前小朋友足夠成長所需的營養，並且蔬食絕對是一種健康又環保的飲食選擇，讓小朋友能在一個純淨的飲食內容下健康成長，但一定要再強調，蔬食不是一種限制性的飲食方式，而是一種健康飲食型態的選擇，當然這種健康的飲食型態是需要學習如何讓它更完善的，本書剛好是最佳的工具書，期待本書的出版能讓家長更安心的提供理想的飲食選擇。

孩子與父母最好的健康禮物書

文／**嚴心鏞**　善果餐飲集團 創辦人

台灣的素食人口比例佔了 12%左右，排行全球第二高，各式素食的餐飲包羅萬象，許多外籍人士來台都讚嘆不已，但卻很難找到為幼童所設計的素食餐點，甚為可惜！！過去常聽到許多父母及老人家有相同的質疑，素食對幼兒夠營養嗎？

這些年，我從懷疑、接受、到轉而支持，實為見證許多素食寶寶的實例，個個聰明健康，活潑可愛，讓我產生極大的信心！

感佩幾位共同作者（營養師）以無私大愛的真心，整理出如此專業而實用的素食幼兒食譜，這將是許多新手父母最好的禮物，在此表示感謝、感恩！

為蔬食孩童設計的營養專書

近年食品安全問題不斷，食安危機的發酵下，民眾開始減少動物性食物攝取，選擇轉向風險較低的植物性飲食；另一方面愛護動物及環保意識抬頭，讓植物性飲食風行全球。

愈來愈多與植物性飲食相關的研究發現，蔬食的飲食型態含有較多的蔬菜、水果、全穀類以及其他植物性食物，提供了豐富營養素之外，還會互相增強抗氧化素與植化素的效果，對許多的疾病尤其預防慢性病具有保護的作用。

我們本身是在蔬食醫院工作的營養師，累積了不同領域的專業營養臨床經驗，在工作的過程中，經常接觸到不同年齡層茹素的民眾，其中發現許多人有著愛護動物的理念、環保意識或因疾病的關係選擇蔬食；但因台灣目前正確的蔬食營養知識並不普遍，許多民眾在轉換飲食後反而造成飲食不均衡的狀況。

全植物飲食性（Vegan）的飲食型態在國外已蔚為流行多年，但台灣目前相應的蔬食營養資訊及對食物的認識觀念尚不足夠。在台灣教育對於食物的認識有限下，蔬食者常見的選擇大多是一般主食配青菜，其實也是種不均衡的偏食現象，反而讓民眾擔心，造成家人朋友的疑慮。然而，蔬食不只有「不吃肉」這麼簡單，尤其是正在特殊生命期的人們，如嬰兒、幼兒、兒童、青少年、懷孕、哺乳、老年等，需要多了解正確的蔬食知識，才能對健康帶來長遠的好處。

作者序

食品安全問題遽增，顯現食品安全及營養教育的重要性，尤其同理心和尊重生命的觀念需要從小開始一點一滴的灌輸，從農場到餐桌、從牧場至屠宰場，教育是整個社會的責任，但願從我們的孩子開始，一起做友善的選擇。從畜牧業排放的二氧化碳量是造成地球暖化的主因，為了環境及下一代，我們期望可以運用本身專業及豐富的臨床經驗，製作出一本友善動物及友善環境的營養食譜，給孩子一個健康的未來。

多數的家長對於孩子是否應該選擇蔬食飲食有很多擔心，包括是否會營養不均衡造成生長發育問題、孩子不喜歡吃蔬菜等。查找坊間為孩童設計的營養食譜書籍不多，針對蔬食孩童設計的營養食譜書籍更少之又少。

這本書，期望帶給不確定孩子蔬食是否能均衡健康、無法確定外食食品是否安心、自行製作卻又力不從心的家長們，一系列簡單易製作、安全又安心的營養蔬食食譜，讓您不再被繁雜的料理過程打敗了，父母也能帶著歡喜的心與孩子一同製作，好吃又好玩，並在陪伴孩子的過程中，共同一起認識食材又能學習營養知識。

媽媽手記

媽媽手記

請問醫生：幼兒素食 Q&A

Part 1

Q 成長中的孩童是否適合蔬食／素食呢？

A 提供均衡、充足、多樣化的食物種類，成長中的孩童可以快樂享用蔬食／素食，健康成長。

蔬食／素食是健康的飲食方式，蔬食／素食者有較低的肥胖、冠心病、高血壓及糖尿病發生率。因此，愈來愈多的成人、家長開始蔬食／素食，也希望、樂於讓他們的小孩從小就開始蔬食／素食。

蔬食／素食可以簡單分為：蛋奶素、蛋素、奶素或全素。依據現今飲食建議及專家意見，攝取均衡、充足、多樣化的蔬食／素食，並注意熱量、蛋白質、鐵、鋅、鈣、維生素 D、維生素 B_{12}、OMEGA-3 長鏈不飽和脂肪酸及膳食纖維的充足性，學齡前的孩童（2～6 歲）可以正常的生長與發育。就健康與方便性的考量，相對於全素，蛋奶素是比較健康的／保險（方便）的選擇。當然，某些限制嚴格的蔬食／素食方式，發生上述營養素缺乏的危險性是存在的。

因此，讓成長中的孩童可以快樂享用蔬食／素食，健康成長的重點是提供均衡、充足、多樣化的食物種類！然而，什麼是均衡、充足、多樣化的蔬食／素食？如何知道？如何做到？如何為成長中的幼童準備營養均衡的蔬食／素食，就讓本書專業的營養師來教您，讓您的小孩吃得快樂又健康。

Q 素食孩童是否容易缺乏營養？如何避免，怎麼補充？

A 適當規劃、均衡充足的蔬食／素食，能提供成長中幼童生長所需的熱量、蛋白質、必需營養素。

營養熱量不足？

成長中的孩童需要充足的熱量攝取以應付快速生長發育所需。當熱量的攝取不足時，通常也意味著其他必需營養素的攝取不足，在這種情況下，人體會將蛋白質作為熱量的來源而非用來製造身體重要的組織，因而影響生長發育。

蔬食／素食具有高纖維低熱量的特質，且因為高纖維容易有飽足感，熱量的攝取會比較少。因此，確保熱量攝取足夠，對蔬食／素食的孩童來說非常重要。成長中幼童的胃容量小，如果飲食量不夠，確實會有熱量攝取不足的危險。奶製品及豆類食品是熱量、蛋白質，及鈣質等營養素的優良來源。

◎補充方式

奶蛋素：攝食奶素或蛋奶的孩童，可以從牛奶和奶製品攝取足夠的熱量。

全素：完全不食用動物性食品的全素食孩童或是極端嚴格的素食孩童，熱量攝取不足的可能風險比較高。專家建議的解決方法：

❶ 多餐，包括富含熱量與營養素的正餐和點心，如烹調的蔬菜、全穀類麵包塗上堅果醬或花生醬（對堅果類過敏的孩童不宜）。

❷ 添加營養素的強化穀物和強化豆奶、鱷（酪）梨及乾燥水果（葡萄乾、無花果）等等。

攝取高熱量的酪梨、堅果、乾燥水果可補足全素幼兒的熱量需求。

影響腦部發育？

人類腦部的發育從胚胎時期開始。從出生後到 3 歲，是腦部細胞發育的高峰期，腦容量增加三倍，3 歲幼童的腦重量已達到成人腦重量的 2／3。直到 6～7 歲，腦部發育趨於完整，6 歲孩童腦部的尺寸已達成人的 95%。因為腦部快速成長發育，對營養的需求特別高。因此，提供正確均衡的營養，包括蛋白質、熱量、脂肪（磷脂質及多元不飽和脂肪酸）、膽鹼、鐵、碘及 B 群維生素等，對於孩童腦部的成長、發育、與大小非常重要。

✲ **蛋白質：**人體利用蛋白質來製造和修補組織細胞，製造神經傳導物質（血清素、多巴胺、正腎上素等）。攝取足夠的蛋白質，使腦部神經細胞的代謝傳導更活潑，促進腦部發育。

✻ **磷脂質：**製造細胞膜及神經髓鞘的主要元素，有助記憶力和集中力；多元不飽和脂肪酸 EPA 及 DHA，是神經系統細胞生長及維持的一種主要元素，也是視網膜和大腦神經細胞的重要成分，為腦部發育和視力發育不可或缺的營養。

✻ **膽鹼：**構成細胞膜的重要成分，也是神經傳導物質「乙醯膽鹼」的先驅物，主要參與肌肉的控制和腦部記憶等功能。因為人體沒有辦法完全自行合成，所以得從食物當中攝取補充，來幫助孩童的腦部發育。

✻ **鐵：**幫助神經傳導。鐵缺乏，血紅蛋白合成減少，導致缺鐵性貧血。研究顯示，缺鐵性貧血將影響孩童的智商與學習力。

✻ **碘：**為甲狀腺素的主要成分，可促進孩童生長發育，預防甲狀腺腫。缺碘會導致生長遲緩及智力低下等疾病。

✻**B 群維生素：**幫助腦部對醣類的利用、熱量代謝順暢及維持髓鞘的完整性。B 群維生素不足，可能影響思維能力與學習效率。其中，葉酸及維生素 B_{12} 是重要的造血元素，如果嚴重不足會導致惡性貧血，造成神經系統的損害，影響大腦機能的正常運作。

◎補充方式

奶蛋素、全素：蔬食／素食或全素的孩童，應如何攝取正確均衡的蛋白質、熱量、鐵、及 B 群維生素等，說明如下：

植物性食物，如橄欖油、亞麻籽油、堅果醬、鱷梨等都是適合的脂肪來源；將蔬菜煮熟，有助於讓孩童吃下更多的熱量，準備過程中加入的油，也能幫助身體吸收脂溶性維生素。植物性食物可以提供足夠的 N-6 多元不飽和脂肪酸，但是 N-3 多元不飽和脂肪酸（EPA 及 DHA）可能不足。蛋類及藻類植物可以提供 N-3 多元不飽和脂肪酸。

雖然 N-3 多元不飽和脂肪酸（EPA 及 DHA）是腦部發育和視力發育不可或缺的營養素，成長中的孩童對於 N-3 多元不飽和脂肪酸（EPA 及 DHA）的需求量目前仍沒有標準建議量。

奶蛋素：攝食蛋奶素的孩童，可以從蛋獲得 N-3 多元不飽和脂肪酸，並多攝取富含 α- 亞麻酸的食物，如核桃、亞麻籽油、菜籽油。

全素：完全不食用動物性食品的全素食孩童或是極端嚴格的素食孩童，N-3 多元不飽和脂肪酸的攝取量可能不足，專家建議：

1. 多攝取富含 α- 亞麻酸的食物，如核桃、亞麻籽（仁）油、菜籽（芥花）油。
2. 多吃添加 DHA 的飲品，如添加 DHA 的豆奶。

核桃、亞麻籽油，是很適合全素幼兒的補腦好食物。

容易缺鐵而貧血？

在人體中，鐵主要用來建構紅血球中的血紅蛋白。人體藉由紅血球中的血紅蛋白來運送氧氣。當體內鐵不足時，人體就無法合成足夠的紅血球和血紅蛋白，形成缺鐵性貧血，也就無法運送足夠的氧氣，供應身體活動的需求。研究顯示，缺鐵性貧血將影響孩童的智商與學習力。此外，核酸、蛋白質、醣類及脂質的利用都需要鐵，一旦缺鐵，將干擾鈣與鉀的作用，進而引發代謝異常。

一般人總是把鐵和紅肉聯想在一起，因此認定蔬食／素食會造成貧血。其實，動、植物性食物都含有鐵質，只是性質不同，吸收率也有差異。動物性食物含有的鐵質，如紅肉與內臟等，稱為血鐵質；植物性食物中所含鐵質，如豆類、深綠色蔬菜、全穀類及堅果類等，多為非血鐵質。

人體對於血鐵質的吸收率質優於非血鐵質（15 ～ 35%跟 2 ～ 20%）。非血鐵質的吸收容易受到食物中其他成分（如植酸及草酸等）的干擾。蛋與奶不算是鐵質的優良來源，過量的牛奶或奶製品會阻礙鐵的吸收。

◎補充方式

奶蛋素、全素：蔬食／素食的孩童，發生缺鐵的風險確實比葷食的孩童高，而完全不食用動物性食品的全素食孩童或是極端嚴格的素食孩童，發生缺鐵的風險最高。然而，這些缺鐵的風險問題，可以輕易的被解決。專家建議：

1. 增加鐵質的攝取，包括攝食含鐵豐富的堅果豆類、黃豆製品、全穀類及添加鐵的早餐穀物等。
2. 和含豐富維生素C的食物一起吃。
3. 避免和茶或可可等飲料一起食用。

全素的幼兒可以多吃含鐵豐富的堅果豆類、黃豆製品、全穀類。

是否會缺鈣而影響發育？

鈣是人體中含量最多的礦物質。身體內大部分的鈣儲存於骨骼和牙齒裡面，只有 1%分布在組織或體液中。所以鈣對嬰幼兒及成長中孩童的骨骼發育非常重要，對牙齒的發育保護及細胞的新陳代謝也扮演著重要作用。在細胞內，鈣和許多生理反應有關，包括神經傳導、血液凝固、酵素活化、賀爾蒙分泌以及心肌的正常功能等等，可以説包括神經、內分泌、免疫、消化、循環等各種生理機能的正常運作都不能缺少鈣。

人體無法自行生成鈣，必須透過攝取相關營養元素在體內合成。牛奶及乳製品是鈣的主要來源，但不是唯一的來源，水果、蔬菜、豆腐和豆乾也都含鈣。然而，從植物性食物攝取足夠的鈣，需要比較大的蔬果攝取量。同時，水果和蔬菜中的鈣也比較難吸收。鈣的吸收容易受到食物中其他成分（如植酸及草酸等）的干擾。

◎補充方式

奶蛋素：攝食奶素或蛋奶的孩童，可以從牛奶和奶製品攝取足夠的鈣，如優格、起司。

全素：完全不食用動物性食品的全素食孩童或是極端嚴格的素食孩童，鈣的攝取量可能偏低，發生缺鈣的風險比較高。針對全素孩童可能缺鈣的風險問題，專家建議的解決方法：

1. 多吃天然高鈣的深綠色蔬菜，如綠花椰菜、羽衣甘藍、小白菜、白菜及芥菜等。
2. 多吃添加鈣的食品和飲品、如豆腐、豆乾、高鈣豆奶、高鈣豆漿、添加鈣的早餐穀物或柳橙汁等。
3. 補充鈣片。鈣片和鐵劑或鋅片一起服用，會相干擾，影響吸收，應避免。

深綠色蔬菜是天然的高鈣食物，可用來幫全素幼兒補鈣。

容易蛋白質不足？

蛋白質是我們身體各個組織器官的主要成分。人體利用蛋白質來製造和修補組織細胞，幫助維持體內的水分、電解質、酸鹼平衡及運輸營養素等。蛋白質由胺基酸所構成。人體能自行合成的胺基酸稱為非必需胺基酸。人體需要卻不能自行製造，須藉由飲食中攝取的胺基酸，則稱為必需胺基酸。

◎補充方式

一般大眾普遍認為動物性食物是蛋白質的來源，但其實植物性食物也有蛋白質。人體所需的必需胺基酸都能從植物性食物中取得，全穀類、豆類、堅果類與種子等食物，已經可以提供充足的蛋白質來源。只要確保飲食中含有多樣化的植物性食物，不須在單一餐中吃下所有的必需胺基酸或蛋白質。

奶蛋素、全素：攝取均衡、充足、多樣化的蔬食／素食孩童，蛋白質的攝取量一般是足夠其正常生長發育的需求。至於完全不食用動物性食品的全素食孩童或是極端嚴格的素食孩童，考量植物性食物蛋白質的可消化性與生物可利用率因素，專家建議，這些孩童應增加大約 20%～ 30%的蛋白質攝取量。

攝取均衡的全穀豆類，蛋白質攝取量應足夠。

容易缺乏維生素 B_{12}？

維生素 B_{12} 負責維護神經系統的功能（腦、脊椎和神經細胞），也是紅血球不可或缺的維生素，它負責紅血球的製造，促進紅血球的發育和成熟，預防巨大型紅血球貧血的發生。我們每日所需的維生素 B_{12} 並不多，可是必須從飲食中取得。

維生素 B_{12} 只存在於動物性食品中，一般植物性食物不含維生素 B_{12}。雖然，植物性食物如海藻類（海帶、紫菜等）、發酵的黃豆製品如味噌、天貝等號稱含有維生素 B_{12}，其實這些植物性食物所含的是維生素 B_{12} 的類似物，並沒有維生素 B_{12} 的生物活性。

◎補充方式

奶蛋素：一般蛋奶蔬食／素食的孩童，能從雞蛋、牛奶和奶製品中，攝取到足夠的維生素 B_{12}。完全不食用動物性食品的全素食者或是極端嚴格的素食者，有缺乏維生素 B_{12} 的風險。

全素：蔬食／素食或全素的孩童，專家建議，應注意維生素 B_{12} 的攝取量與補充。可靠的維生素 B_{12} 來源有兩個：

❶ 額外添加維生素 B_{12} 的食物，家長應查閱食物營養標籤。
❷ 含有維生素 B_{12} 的營養補充品。

發酵的黃豆製品，含維生素 B_{12} 類似物。

Q 全素的孩童雖在飲食中能達到營養均衡，但其生長曲線是否有低於葷食孩童的可能性？

A 否。

攝取均衡、充足、多樣化的營養食物，蔬食／素食甚或全素孩童的生長發育與一般葷食的孩童是沒有差異的。雖然，蔬食／素食甚或全素的孩童通常比較偏瘦。然而，限制太嚴格的飲食方式，或孩童挑食的情況下，不管蔬食／素食、全素或葷食，都可能發生因熱量、蛋白質、鐵、鋅及鈣等營養素的攝取不足，進而導致孩童體重或身高不足。

Q 吃全素的孩童，其體能及運動表現比較差？

A 不會喔！

蔬食／素食是健康的飲食方式。均衡、充足、多樣化的蔬食／素食可以提供足夠身體活動所需的熱量與營養需求。即使在競賽運動，規劃完整的蔬食／素食，也可以有效提供運動選手活動量、運動表現及運動後恢復所需的營養需求。近幾年來，許多優秀的職業／業餘運動選手，也都是蔬食／素食。專家建議，採取蔬食／素食運動選手，應增加大約 10%蛋白質攝取量以符合訓練或比賽的需要，並注意維生素 B_{12}、維生素 D、鈣及鐵的攝取量。

蔬食／素食的孩童與葷食孩童，在體能及運動表現是否有差別，目前並沒有這方面的相關研究或科學數據。不過，如前所述，攝取均衡、充足、多樣化的營養，蔬食／素食甚或全素的孩童的生長發育與一般葷食孩童沒有差別。因此，均衡、充足、多樣化的蔬食／素食應該可以提供足夠成長中孩童身體活動所需的熱量與營養需求。

充足、多樣化的飲食，才是健康吃素的方法。

然而，蔬食／素食具有高纖維低熱量的特質，而且因為高纖維容易有飽足感，蔬食／素食的飲食方式，熱量的攝取會比較少，連帶的影響到蛋白質、鈣、鐵、維生素 B_{12} 及維生素 D 的攝取量。因此，極端嚴格的素食孩童，可能因為熱量與蛋白質的攝取不足，導致體能與運動表現比較差是有可能的，可參考本書營養師設計的全素食譜來補充。

Q 剛上幼兒園的孩童常生病，全素的孩童生病頻率是否更高？

A 不會喔！

回答這個問題前，我先說個臨床觀察。在兒科門診或是在病房住院中的病童，絕大多數都不是蔬食／素食，根據這個邏輯，葷食的孩童應該比較容易生病，可是從來沒有家長會詢問葷食的孩童是否生病的頻率更高。

嬰幼兒及學齡前孩童，每年平均會有 6 ～ 8 次合併發燒症狀的感染。常見的感染為上呼吸道感染，多數為病毒所引起，包括鼻病毒、呼吸道融合病毒、腸病毒、腺病毒及流行性感冒病毒等。只要嬰幼兒及孩童的免疫功能正常，感染的症狀如咳嗽、鼻塞、流鼻水等，通常兩週內就痊癒。

剛至幼兒園的孩童，生病的次數確實會增加。這是因為他們可能常揉眼睛、摳鼻子、將手指放嘴巴，以及剛到新環境，長時間待在室內，接觸更多其他孩童等因素，而使接觸到病原菌的機會大增，所以，因為感染導致生病的次數確實會增加，這跟孩童是否蔬食／素食沒有關係。

預防感染的方法是勤洗手，養成良好的衛生習慣。生病發燒期間，居家隔離、多休息並補充足夠的水分。

Q 幼童食用過多的豆類製品是否會影響健康，如脹氣？

A 可以採行少量多樣，漸進式增加攝取量。

豆類富含營養素，包括豐富優質的蛋白質、纖維素、鐵、鈣、鋅及 B 群維生素等等，對健康很有益處。蔬食／素食的孩童可以從豆類食物中獲得生長所需的蛋白質和必需營養素。

依據最新的研究報告及專家意見，豆類食物對所有年齡層的人都是安全的，包括嬰幼兒和成長中的孩童。攝取豆類食物不會導致女童性早熟，或影響男童的生殖系統。

所有含蛋白質的食物包括豆類都有可能在某些人身上引發過敏。雖然豆類蛋白質名列八大食物蛋白質過敏源之一，但是對於豆類蛋白質過敏的孩童人數遠低於對花生或牛奶蛋白質過敏的人數，過敏症狀也比較輕微，而且對於豆類蛋白質過敏的孩童在 3 歲後過敏症狀會明顯緩解。當然，對於豆類蛋白質過敏的孩童，在攝取豆類蛋白質時應注意過敏症狀，或向小兒科醫師諮詢。

豆類食物含寡糖類，主要成分是水蘇糖（stachyose）、棉子糖（raffinose）和蔗糖（sucrose）。人體腸道內因為缺乏某些可以消化寡醣類的酵素，所以如果吃了過多豆類食物製品等，這些寡糖類因為無法在小腸被分解吸收，因而進到大腸被腸道中的細菌分解，並產生多種氣體，包括氮氣、二氧化碳及甲烷等氣體。這些氣體如果無法順利排出腸道便會造成腹脹氣。

享用豆類食物的營養又避免腹脹氣的困擾，可以採行少量多樣，漸進式增加攝取量；攝取豆腐、豆豉、味噌、毛豆，或不添加糖但是添加鈣、維生素 A、D 的強化豆奶等等。

Q 接觸 3C 產品的年齡層已逐漸降低，該如何預防視力受損？

A 降低 3C 產品使用時間、多接觸大自然、飲食中可選擇富含葉黃素及胡蘿蔔素的食材。

3C 產品螢幕鮮豔、亮度高，發散波長短、能量強的藍光。長時間注視 3C 產品螢幕時，眼睛容易疲勞、痠澀，導致近視或散光，甚至引起黃斑部病變，造成視網膜的永久損傷；因此家長們不可輕忽 3C 產品對孩童視力可能造成的嚴重傷害。

根據眼科醫師的專業建議，對於孩童的視力保健，家長可以採取以下方法：

❶ **避免不當的用眼行為**：長時間、近距離使用 3C 產品對視力傷害最大。年齡愈小的孩童每次使用時間應愈短。每次使用時間不宜超過 30 分鐘，一天的使用時間不宜超過 1 小時。觀看使用電腦時與螢幕應距離 50 ～ 60 公分。操作智慧型手機與平板電腦至少要保持 30 公分以上的距離。避免趴著或躺著觀看各種 3C 產品。不在搖晃的車廂內使用智慧型手機與平板電腦。

❷ **定期接受視力檢查**：3 歲以上的孩童應到眼科門診進行全面性的檢查，往後宜每半年追蹤檢查一次，確保孩童的視力健康。

❸ **充足明亮的照明設備**：光線要充足舒適，避免在昏暗的環境下注視 3C 產品螢幕。

❹ **走向戶外接觸大自然**：眺望遠方可放鬆眼部肌肉。適當日曬可促使體內製造維生素 D，有助維護視力健康。

❺ **選擇天然的護眼食物**：選擇富含葉黃素及胡蘿蔔素的食材，有助保護眼睛免受氧化及高能量光線傷害；食用有抗氧化效果的藍莓、柑橘類水果，也可防止體內的自由基對眼睛造成傷害。

❻ **保持充足的睡眠時間**：睡眠可讓眼部肌肉達到完全的放鬆，充足的睡眠是預防近視最簡單的方法。

食用藍莓有助維持視力健康。

〔參考資料〕

- Demory-Luce D, Motil KJ. Vegetarian diets for children. 2017. https: //www.uptodate.com / contents / vegetariandietsforchildren /（Accessed on Aug 01, 2018）.
- Sch˙ü rmann S, Kersting M, Alexy U. Vegetarian diets in children:a systematic review. Eur J Nutr. 2017;56（5）:1797.
- Appleby PN, Key TJ. The long-term health of vegetarians and vegans. Proc Nutr Soc. 2016;75（3）:287.
- Van Winckel M, Vande Velde S, De Bruyne R, Van Biervliet S. Clinical practice: vegetarian infant and child nutrition. Eur J Pediatr. 2011;170（12）:1489.
- 伍卉苓 . 營養蔬國 . 慈濟道侶叢書 , 2015。
- Prado EL, Dewey KG. Nutrition and brain development in early life. Nutrition Reviews 2014;72:267-84.
- Gomez-Pinilla F. Brain foods: the effects of nutrients on brain functions. Nature Reviews 2008;9:568-78.
- Pawlak R, Bell K. Iron Status of Vegetarian Children: A Review of Literature. Ann Nutr Metab. 2017;70（2）:88
- Gibson RS, Heath AL, Szymlek-Gay EA. Is iron and zinc nutrition a concern for vegetarian infants and young children in industrialized countries? Am J Clin Nutr. 2014;100 Suppl 1:459S.
- Domellöf M, Braegger C, Campoy C, Colomb V, Decsi T, Fewtrell M, Hojsak I, Mihatsch W, Molgaard C, Shamir R, Turck D, van Goudoever J, ESPGHAN Committee on Nutrition. Iron requirements of infants and toddlers. J Pediatr Gastroenterol Nutr. 2014;58（1）:119.
- Tucker KL. Vegetarian diets and bone status. Am J Clin Nutr. 2014;100 Suppl 1:329S.
- Pawlak R, Lester SE, Babatunde T. The prevalence of cobalamin deficiency among vegetarians assessed by serum vitamin B12: a review of literature. Eur J Clin Nutr. 2014 May;68（5）:541-8.
- American Dietetic, A., et al., American College of Sports Medicine position stand. Nutrition and athletic performance. Med Sci Sports Exerc, 2009. 41（3）: p. 70931.
- Ministry of Health, State of Israel. Updated Information on Soy Consumption and Health Effects. 2018 https://www.health.gov.il/English/Topics/FoodAndNutrition/Nutrition/Adequate_nutrition/soy.（Accessed on Aug 01, 2018）
- Messina M, Rogero MM, Fisberg M, Waitzberg D. Health impact of childhood and adolescent soy consumption. Nutrition Reviews 2017;75:500-515.
- 愛用 3C 產品當褓姆 當心孩子的視力拉警報 . 媽咪寶貝 . 2014 年 3 月號。http: / /www.mababy.com /（Accessed on Aug 01, 2018）.
- Abegglen LM, et al. Effect of Time Spent Outdoors at School on the Development of Myopia Among Children in China: A Randomized Clinical Trial. JAMA. 2015;314（11）:1142-1148.

- Sherwin JC, et al. The association between time spent outdoors and myopia in children and adolescents. Ophthalmology 2012;119:2141-51.
- Straker L, Maslen B, Burgess-Limerick R, Johnson P, Dennerlein J. .Evidence-based guidelines for the wise use of computers by children: Physical development guidelines. Ergonomics. 2010;53:458-477.
- Straker L, Abbott R, Collins R, Campbell A. Evidence-based guidelines for wise use of electronic games by children. Ergonomics. 2010;57:471-489.

媽媽手記

素食幼兒營養補充要點

Part 2

想讓寶寶或小朋友吃素，但家人卻說吃素營養不足，會長不大。究竟嬰幼兒能不能吃全素呢？還是要挑哪一種素較適合？其實只要選擇多樣化食物，吃素對大部分的寶寶不會產生營養方面的問題，且因為選擇素食減少了接觸環境污染源及不好的油脂，反而對健康更有幫助。

吃素減少接觸污染源，奠定健康基礎

素食可分全素或純素、奶素、蛋素、奶蛋素，以及和宗教有關的五辛素，所有營養素在植物性食材中都能攝取到。

2009 年美國營養協會（American Dietetic Association）發表一篇針對素食飲食的論文中（Craig WJ et al., 2009）提到，適當規劃素食，包括各種素食或全素飲食是健康的，營養充足的，並且可以在預防和治療某些疾病方面提供健康益處。精心策劃的素食飲食也適合生命週期各個階段的人，包括孕期、哺乳期、嬰兒期、兒童期和青春期，以及運動員。

英國營養協會（British Dietetic Association）也聲明，素食飲食方式適合所有年齡層。對於嬰幼兒來說，如果照顧者與營養師共同仔細規劃孩子的蛋白質、主食攝取量、足夠的脂肪，確保孩子獲得足夠的熱量及營養素來生長，那麼純素飲食也可以營養完整，不會有營養不夠的疑慮。

同時以現今生活及飲食環境狀況下，素食飲食也為家庭提供了一個從小就教育孩子營養和健康飲食原則的機會，更為孩子降低未來心血管疾病、某些癌症及糖尿病的發生機率。

雖然素食對寶寶有好處，但是如果忽略一些需注意的事項，還是有可能會造成孩子營養不足。此外，選擇素食，食物來源比較乾淨，幼兒不吃動物性食物，來自環境的污染源自然減少，抵抗力因此提升，對健康一定有幫助；而且可避免來自肉類的油脂，從小就顧好心血管。

嬰幼兒吃素通常是跟著媽咪，媽咪吃哪種素，寶寶就跟著吃，所以媽咪本身對營養方面要具備正確且充分的知識，以知道怎麼選才能讓寶寶吃到多樣化食物。如果寶寶原本吃葷，想要讓他改吃素，可採一天一餐或兩餐開始慢慢改變，並可參考書中營養師的建議。

選「對」食物，素食寶寶也能高又壯

不管是不是蔬食／素食家庭，餵食學齡前（幼兒期 1 ～ 6 歲）的孩子都是一種挑戰，主要原因是幼童對外界的好奇心遠大於對食物的興趣，而 2 歲以上的幼兒甚至已經開始有自己獨立的想法，開始挑剔食物的形狀、味道、大小，來證明自己的個人特質，而常常沒辦法好好坐著專心吃飯。

幼兒飲食應均衡營養、少量多餐、分次給予

根據 2011 年台灣嬰幼兒體位與營養狀況調查結果，目前台灣 1 ～ 6 歲幼兒葉酸平均攝取量皆有不足現象，尤其以 4 ～ 6 歲幼兒高達 72.7%的人，葉酸攝取未達 2 ／ 3 建議量。另外，1 ～ 6 歲幼兒的鐵、鈣與維生素 B_1 未達 2 ／ 3 建議量人數＞ 10%。

選對高營養密度食物，可以獲得充足的營養。

幼兒期的孩子生長速度雖不像嬰兒時期那樣快速，但隨著體型逐漸增長，各營養素及熱量需求仍會不斷增加。此時對於母奶的攝取會逐漸減少，取而代之的是各式食物。但由於胃容量不大，因此食物需均衡營養、少量多餐、分次給予，同時也應盡量選擇高營養密度的食物來補足幼兒的營養需求。

尤其是全素的幼兒，父母對於食物的選擇更需要注意與學習，選「對」食物，才能讓全

素寶寶的營養、生長發育不輸葷食寶寶，甚至比葷食寶寶更健康。因此本書不但適合蔬食／素食幼兒，也適合一般幼兒的父母作為供餐時的參考。

全素食幼兒食量依年紀、活動量而有區別

一般而言，1～6歲幼兒每日的飲食建議，可依幼童的年齡及活動量來區分及建議。

◎依年齡

✻1～3歲：男女幼兒活動與體型差異不大，因此對於營養與熱量的需求類似，僅依活動強度不同（稍低、適度）給予飲食建議。

✻4歲以後：男、女幼兒體型開始有些差異，所需要的熱量與食物份量稍有不同，因此除依活動量不同來建議之外，又以不同性別，給予不同熱量與對應的5大類食物的建議量。

◎依活動量

幼兒的飲食量又與其活動量相關，一般活動量大的孩子，熱量需求也較多，以同年齡、同性別的幼兒來說，不同活動度飲食熱量建議相差200～250卡。以1～3歲幼兒來說，其熱量的差別在於適度活動量者，需要比低活動度者一日多半碗全穀雜糧類（主食）及多1份豆類（蛋白質）；而4～6歲的部分，男生適度活動量者要比低活動度者多半碗全穀雜糧類、1份豆類與1份堅果種子類（油脂）的需求量。女生，適度活動量者則需比低活動度者一日多吃1碗全穀雜糧類，可將其分配在正餐及點心中。

✻ 活動量稍低：定義為生活中大部分都坐著畫畫、聽故事、看電視，一天當中有約1小時不太劇烈的活動，如走路、慢騎腳踏車、盪鞦韆等。

✻ 適度活動量：為生活中常常玩遊戲、唱唱跳跳，一天當中有約1小時較劇烈的活動，如爬上爬下、跑來跑去的活動。

本食譜中 1 ～ 3 歲以及 4 ～ 6 歲食物份量皆以「適度活動度」的幼童飲食建議量來設計一日餐點。為了方便食譜設計與份量統一，食譜中 4 ～ 6 歲幼童的食物份量部分，採男女平均值約一日 1600 ～ 1700 卡設計，可以滿足大多數 4 ～ 6 歲幼童的需求。

全素食幼兒營養建議量參考

素食寶寶依年齡及活動量，有不同的熱量及食物份量建議，父母可參考下表「衛生福利部國民健康署 1 ～ 6 歲幼兒一日飲食建議量表」。至於食物的份量，父母可依「五大類食物份量說明表」（請參照 P.39 ～ 40），找到符合孩子的建議量，並將一日飲食量分配於一天的正餐與點心中，即可達到此時期幼兒一日該吃到的熱量及營養素。

1 ～ 6 歲幼兒全素或純素一日飲食建議量

年齡（歲）	1 ～ 3		4 ～ 6			
活動量	稍低	適度	男孩稍低	女孩稍低	男孩適度	女孩適度
熱量（大卡）	1150	1350	1550	1400	1800	1650
食物種類						
全穀雜糧類（碗）	1.5	2	2.5	2	3	3
未精製（碗）	1	1	1.5	1	2	2
其他（碗）	0.5	1	1	1	1	1
豆類（份）	4	5	5	5	6	5
蔬菜類（份）	2	2	3	3	3	3
水果類（份）	2	2	2	2	2	2
油脂與堅果種子類（份）	4	4	4	4	5	4

全素幼兒五大類食物主要營養成分

均衡飲食是指一日飲食當中，包括以下五大類食物即是達到均衡（若有吃乳製品者則有六大類食物），更理想的吃法是每一餐應該包含三～五大類食物，點心應包含二種大類食物。也不需要把特定食物設定為只能早餐或晚餐才能出現，一天中可隨時提供。

不同大類食物所提供營養素不太相同，因此無法互相取代，同時每大類食物中雖然主要營養成分相同，但每種食物的個別（次要）營養成分各有特別之處，建議可以從各大類食物中去著手，做多樣化的選擇，如：以全穀雜糧類來說，早餐燕麥粥、午餐地瓜糙米飯、晚餐馬鈴薯泥，這樣就能得到不但豐富且多種營養素的飲食。

飲食中做多樣化的搭配，才能攝取各種營養。

各類食物的特性及份量

為了讓父母對各類食物的特性及份量有更清楚的認知及了解，以掌握替幼兒備餐的注意事項及細節，以下將詳細介紹。

各類食物營養特性

食物類別	營養成份
全穀雜糧類（未精緻） 	**〔主要營養成分〕**醣類 **〔次要營養成分〕**蛋白質、磷、維生素 B_1、維生素 B_2、膳食纖維 **〔建 議 食 材〕** ・**全穀：**糙米、黑米、糙薏仁、蕎麥、燕麥、紅扁豆、紅豆、綠豆、蓮子、米豆、藜麥、小米、鷹嘴豆等 ・**根莖：**地瓜、芋頭、南瓜、山藥、馬鈴薯、玉米、蓮藕、菱角、栗子等 （註：全穀雜糧類愈精緻，則上面所含的營養素則愈少）

食物類別	營養成份
豆類 	〔**主要營養成分**〕蛋白質、脂肪 〔**次要營養成分**〕卵磷脂、維生素 E、膽鹼、磷、磷脂質 〔**建 議 食 材**〕 如黃豆、黑豆、毛豆、豆乾、板豆腐、嫩豆腐、豆漿、豆包等 （註：此處所說的豆為富含高生理價蛋白質的黃豆）
蔬菜類 （深綠、黃紅色蔬菜） 	〔**主要營養成分**〕膳食纖維、葉酸 〔**次要營養成分**〕鐵、鈣、鉀、鎂、維生素 A、植化素、碘 〔**建 議 食 材**〕 紅鳳菜、紫高麗、莧菜、彩椒類、甜菜根、海藻紫菜類、菇類、木耳、菜豆、敏豆等豆莢類
水果類 	〔**主要營養成分**〕維生素 C、水分 〔**次要營養成分**〕維生素 A、鉀、膳食纖維 〔**建 議 食 材**〕 芭樂、香吉士、奇異果、木瓜、甜柿、龍眼、釋迦、葡萄、火龍果等
油脂與堅果種子類 	〔**主要營養成分**〕脂肪（單元、多元不飽和脂肪酸） 〔**次要營養成分**〕 ・**植物油類：**維生素 E ・**堅果種子類：**維生素 B_1、鐵、鈣、磷、鎂、微量礦物質（鋅、銅、硒等） 〔**建 議 食 材**〕 ・**植物油類：**茶油、紫蘇油、橄欖油、芥花油等 ・**堅果種子類：**核桃、胡桃、腰果、杏仁、亞麻籽、奇亞籽、黑芝麻等

讀懂衛福部的建議表

在閱讀衛生福利部國民健康署的一日飲食建議量表格時，其內容標示的份量皆為一日量，也就是一日當中所有吃的份量，包括三餐還有點心。

以全穀雜糧類（主食）來舉例說明，若一日建議量為 2 碗，則可按實際孩子食量來分配於三餐及點心當中，如早餐 1 碗粥（等同於半碗乾飯）、午晚餐各半碗飯，這樣用掉了一碗半的飯量，剩下半碗的主食，可以用在兩餐中間的點心如上午 1 個小餐包及下午 1 ／ 4 碗紅豆的紅豆湯，這樣即可達到一日全穀雜糧類的建議量。因此首先要了解份量的概念，各大類食物份量說明如右表。

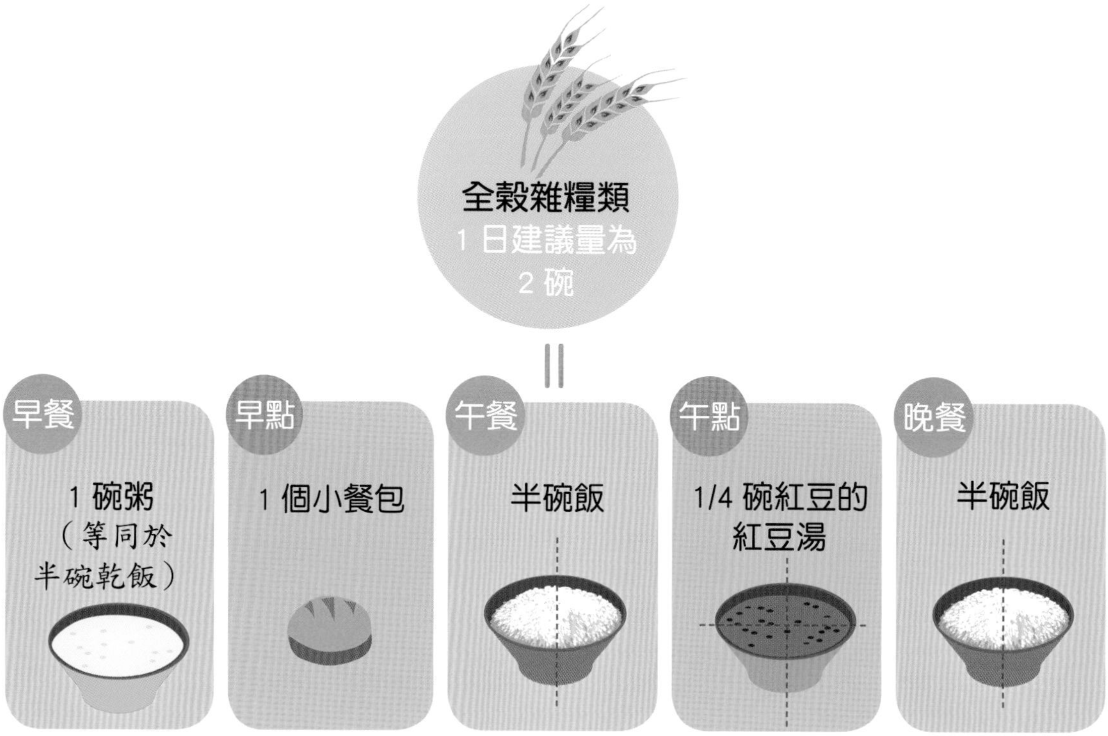

五大類食物份量說明

種類	份量	圖示
全穀雜糧類 1 碗 = 碳水化合物 60 公克 = 4 份主食	= 糙米／雜糧飯等米飯 1 碗 = 紅豆／綠豆／花豆／米豆等 1 碗 = 麥片粥／稀飯／麵 2 碗 （1 個麵糰／ 1 束／ 1 把麵條 =3 份） = 燕麥／麥粉／麥片／穀粉 80 公克 （共約 12 微滿的湯匙） = 玉米 2 又 2／3 根（340 公克）／小馬鈴薯 2 個（360 公克） = 中型芋頭 4／5 個（220 公克）／小地瓜 2 條（220 公克） = 饅頭（長方）1 個／山形吐司（長）2 片（共 120 公克）	1 碗為一般家用飯碗，容量約 250cc = 自助餐白紙碗填滿大碗飯量  = 2 碗麵  = 1 湯匙為自助餐塑膠湯匙，穀粉重量約 6 公克 
豆類 1 份 = 蛋白質 7 公克	= 黃豆（20 公克）或毛豆（50 公克）或黑豆（25 公克） = 豆漿 1 杯（260 cc） = 傳統板豆腐 3 格（80 公克） = 嫩豆腐半盒（140 公克） = 小方豆乾 1 又 1／4 片 = 切片約 9 小片（40 公克） = 五香豆乾 4／5 片（35 公克） = 豆包 1 塊 30 公克	1 杯為 250cc，約七分滿馬克杯  = 切片豆乾約 9 小片  = 厚板豆腐約 2 格多 

蔬菜類 1 碟 （份）	= 可食生菜 100 公克 = 熟菜 8 分碗	1 碟為直徑 15 公分盤子  = 熟蔬菜約 8 分滿碗  = 一碟生草菇  = 8 朵生香菇 
水果類 1 份 = 碳水化合物 15 公克	= 約 100 公克（80 ～ 120 公克） = 約 1 粒小橘子／小蘋果／小 粗梨／加州李／玫瑰桃 1 個 = 蓮霧／棗子／百香果 2 顆 = 櫻桃／葡萄／龍眼／紅棗／ 黑棗 10 顆 = 大香蕉約半根（70 公克） = 榴槤約 1 ／ 4 瓣 （45 公克）	1 顆小蘋果  = 約 1 ／ 2 根香蕉  = 1 滿匙的蔓越莓／葡萄乾 
油脂與堅果類 1 份 = 脂肪 5 公克	= 各種烹調用油 1 茶匙（5 公 克） = 核桃 2 粒／夏威夷豆 4 粒／ 腰果 7 粒／杏仁 8 粒／開心 果 15 粒／花生 18 粒／松子 35 粒／南瓜子 40 粒／西瓜 子 110 粒／葵瓜子 170 粒 = 黑芝麻 2 湯匙（10 公克） = 亞麻仁籽粉（12 公克）	一般餐廳使用塑膠湯匙為 1 湯匙 （15c.c.） = 1 湯匙油 = 3 份油  = 堅果類 1 份 = 1 湯匙杏仁  = 1 湯匙腰果 

請參考行政院衛生署 96 年出版的「台灣常見食品營養圖鑑」，網站上亦有 PDF 檔可下載。

本書的飲食建議及食譜設計量

為了讓父母對幼兒的飲食量有更清楚的計算準則，本書的飲食建議及食譜設計，原則皆依衛生福利部國民健康署在 2018 年 3 月公布的全素幼兒一日飲食建議來編寫，其中食譜設計大部分以 2 ～ 3 歲年齡層的幼兒為主；並於「營養師小叮嚀」中提醒 4 ～ 6 歲幼童的建議量。

公版的全穀根莖類建議份量，1 ～ 3 歲每餐主食約半碗～ 8 分滿，而 4 ～ 6 歲每餐主食約為 8 分滿～ 1 碗，但因公版未有更細部的考量每個小朋友的食量，因此才有點心出現的必要性。營養師在食譜設計的時候是希望讀者實際上較能執行的，因此將一日主食的總份量，除分配於正餐中，也有部分挪至點心。正餐才會看起來與建議份量不同。

2 ～ 3 歲設計份量

種類	份數	早餐	早點	午餐	午點	晚餐	晚點
全穀根莖類	8（2 碗）	2（半碗）	1	2	0.5	2	0.5
豆製品	5（低脂 2）	1	1	1	0.5	1	0.5
乳品類	0	—	—	—	—	—	—
蔬菜	2	0.5	0.25	0.5	0.25	0.5	—
水果	2	—	—	1	—	1	—
油脂與堅果種子類	4	1	0.5	1	0.5	1	—

4～6歲設計份量							
種類	份數	早餐	早點	午餐	午點	晚餐	晚點
全穀根莖類	12（3碗）	3	1	3	1	3	1
豆製品	6（低脂2）	1.5	0.5	1.5	0.5	1.5	0.5
乳品類	0	—	—	—	—	—	—
蔬菜	3	0.5	0.25	1	0.25	1	—
水果	2	—	—	1	—	1	—
油脂與堅果種子類	4	1	0.5	1	0.5	1	—

（註：低脂2：6份當中有2份為低脂豆類，如毛豆、黃豆、黑豆、豆漿、生豆包、乾絲，其餘為中脂豆類，如豆乾、傳統豆腐、嫩豆腐等。）

食譜中4～6歲幼童飲食份量，除主食份量較2～3歲多些，豆類也就是蛋白質的部分也比2～3歲時每日多吃1份，再來就是蔬菜也需要從每日2份增加至每日3份，其餘水果與堅果油脂類建議攝取量則維持不變。本書食譜設計份量如下表：

1～6歲全素幼兒簡易食物份量表

平均建議熱量	1250 kcal	1600 kcal
年齡	2～3歲	4～6歲
全穀根莖類（碗）	2	3
豆製品（份）	5	6
蔬菜（碟）	2	3
水果（份）	2	2
油脂與堅果種子類（份）	4	4

素食幼兒飲食營養補充重點

如果家中的幼兒吃素食，主要照顧者應努力充實營養知識、注意營養的均衡及補充，才能讓小朋友吃得更健康。

三餐應以全穀雜糧類為主食，營養較充足。

三餐應以全穀雜糧類為主食

未精緻全穀類，保留了許多人體重要的營養素，維生素、礦物質、纖維質等，尤其正需要高營養價值的幼兒期，三餐應以全穀雜糧類為主食，如燕麥片、全麥、紅豆、綠豆等。由於攝取精緻主食，許多營養素攝取量尤其是鐵質、鈣質及纖維質等將會少很多，因此三餐當中精緻主食最多僅能占一餐，以防營養素攝取不足。舉例來說，早餐燕麥片、午餐麵（線）、晚餐五穀飯。

每天攝取深色蔬菜及新鮮水果

蔬菜的顏色愈鮮艷營養價值愈高，如深綠葉蔬菜、深橘甜椒、紫高麗、紅蘿蔔等；反之顏色愈淡營養素含量愈低，如白花椰、大白菜、白蘿蔔。

水果來源選擇當季或當地新鮮水果最佳，不但含農藥或保鮮劑少，好吃又能節能減碳。盡量少以果汁取代水果，除了可以訓練咀嚼能力，強健牙床力量之外，也不容易因攝取過量糖分而發胖。

深綠葉蔬菜含有豐富的營養價值。

葉酸的補充

根據 2011 年台灣嬰幼兒體位與營養狀況調查結果發現，台灣 1 ～ 6 歲幼兒葉酸平均攝取量皆有不足的現象，表示台灣幼兒期的小朋友普遍有蔬菜、水果攝取量偏低的情形。葉酸不足容易產生貧血，因此多吃蔬菜、水果可增加葉酸攝取量而改善營養狀況。衛福部建議 1 ～ 3 歲小朋友蔬菜、水果每天各需吃 2 份；4 ～ 6 歲小朋友水果則維持 2 份，蔬菜建議吃到 3 份，以達每日足夠葉酸攝取量。

持續攝取高鈣食物的習慣

台灣 1 ～ 6 歲幼兒平均有 14 ～ 19%的小朋友，鈣質攝取量未達國健署建議量（1 ～ 3 歲幼兒 500 毫克；4 ～ 6 歲幼兒 600 毫克），由於少了乳製品的食物來源，全素幼兒更需要養成每天固定攝取 2 份高鈣食物的好習慣。

以前我們總認為補充鈣質就要多喝牛奶或其他乳製品，其實 1 杯的牛奶中約含有 240 毫克的鈣，而 100 克（一份）的台灣常見的蔬菜當中，像芥藍、黑甜菜也都有近 240 毫克的含鈣量，幾乎等於 1 杯牛奶的鈣質。

其他像紅莧菜、山芹菜等也有近 200 毫克的鈣質；乾海帶（乾昆布）約 30 公克就有 1 杯牛奶的鈣質，紫菜、紅毛苔也是鈣質豐富的食物。

另外，黑糖每一湯匙就有 70 毫克的鈣質，也是在使用糖的時候的一個好的選擇。一般來說水果的鈣質含量是很低的，但是卻有一種水果不一樣，就是無花果（10 顆） 就等於 1 杯牛奶的含鈣量。

乾海帶（乾昆布）及黑糖是補充鈣質的選擇。

營養小叮嚀

可以喝豆漿補鈣嗎？

豆漿主成分為黃豆與水，一般以 1：10 比例製作，也就是 100 公克的黃豆，水就要加入 1000 c.c.，1 杯豆漿的鈣量僅 50 毫克不到，因此光喝豆漿不易補鈣，建議媽媽可於豆漿中添加 2 湯匙黑芝麻粉，即可將 1 杯豆漿鈣質提高到約相當於 2 ／ 3 杯牛奶的鈣質（約 180 毫克鈣）。

不同類的食物中含鈣豐富的天然食物（每 100 公克食物）

食物類別	約 = 1 杯牛奶（約≧ 250 毫克鈣）	約 = 2／3 杯牛奶（約 170 ～ 200 毫克鈣）	約 = 半杯牛奶（約 120 ～ 150 毫克鈣）
黃豆及製品類 	小方豆乾、五香豆乾、豆乾絲、黑豆乾	凍豆腐、清蒸臭豆腐、三角油豆腐	傳統豆腐
堅果種子類 	黑芝麻（芝麻糊、芝麻粉、芝麻醬）、亞麻籽、奇亞籽、杏仁果、山粉圓	原味榛果	—
蔬菜類 	香椿、黑甜菜、野莧菜、紅毛苔、紫菜、壽司海苔片	山芹菜、紅莧菜、皇冠菜、芥藍菜、裙帶菜	紅鳳菜、珍珠小白菜、莧菜、蛇瓜、海帶茸、川七
全穀根莖類 	—	加鈣米	蓮子、大紅豆

營養小叮嚀

促進鈣吸收料理技巧

鈣質易溶解於酸性環境，因此於料理時可使用醋、檸檬汁等入菜調味，以提升餐食中鈣質吸收率。

黃豆為優質蛋白質來源

黃豆來源的蛋白質為優良蛋白質，因為它包含了完整人體所需的胺基酸，等同於蛋類或肉類蛋白質，卻又比肉類多了更多的特殊營養成分如大豆異黃酮、卵磷脂、大豆纖維及植物固醇等，若再製成板豆腐、豆乾又成為高鈣食物，因此對於正在成長發育的幼兒來說，以植物性蛋白質為蛋白質來源的飲食，比吃肉的優點還來的多，並且又少了吃到因牲畜飼料汙染、生長賀爾蒙、抗生素或生病肉類的擔憂。

全素幼兒飲食當中，不僅只有吃飯配菜而已，必須包含黃豆及其製品，讓小朋友擁有足夠蛋白質攝取，促使順利生長發育。2～3歲幼童一日建議4～5份，4～6歲為5～6份。由於豆製品含水量較多，體積相較於肉類份量較大，家長須留意小朋友是否有吃到足夠的蛋白質量，較不需要擔心蛋白質吃過量，同時素食飲食食物熱量密度較葷食低，小朋友也較不易有熱量攝取過量或肥胖的問題。

營養小叮嚀

黃豆製品的營養

- **大豆異黃酮**：大豆異黃酮是一種強的抗氧化劑，其健康功效最主要是抗氧化作用而來，可防止老化，預防癌症與心血管疾病而增進健康。
- **膽素／膽鹼**：膽鹼屬於一種水溶性維生素，對人體而言，膽鹼的功能在於建構細胞膜、神經的傳導及腦神經細胞的發育，因此膽鹼對於新生兒腦部發育非常重要。膽鹼對於人體的重要性與其他必需營養素不相上下，換句話說，是一種維持生命的要素，但父母可以放心，膽鹼普遍存在於各大類食物中，因此膽鹼的缺乏是很罕見的。一般我們常聽到的卵磷脂，膽鹼就是其重要的組成分之一，而卵磷脂不需要特別補充，人體會自行合成喔！

黃豆及其製品為優質蛋白質來源。

攝取優質油脂食物

油脂與堅果種子類，指的是一般食用油、各類堅果如杏仁、腰果、松子等及種子如黑芝麻、白芝麻、亞麻籽、奇亞籽等這些在食物分類上均屬於油脂類。以 1 ～ 6 歲幼兒期來說一日建議量為 4 份，其中 3 份可用於正餐的烹調用油中，至少 1 份（約 1 ～ 2 湯匙）須來自堅果種子類，以達足夠維生素 E、微量礦物質如鋅的攝取量。

堅果類對於素食者是一種確保營養與健康飲食中不可或缺的食材，黑芝麻含豐富的鐵與鈣質、杏仁含高量的維生素 E、核桃含必需脂肪酸（α- 次亞麻油酸）、葵瓜子、南瓜子和巴西堅果是補充鋅的好選擇。

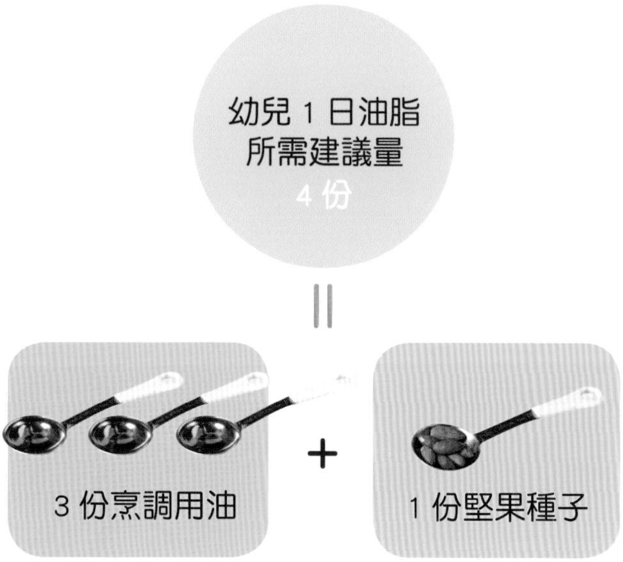

素食幼兒日常飲食注意事項及易缺乏營養素補充

除了營養均衡之外，幼兒飲食還需注意外食及零食問題。一般幼兒飲食中實際的油脂建議用量並不多，因此若長期外食或喜好吃油炸類、烘培或精緻糕餅類食物，幾乎都會有油脂尤其是反式脂肪攝取過量的飲食問題，長期累積下來則容易導致肥胖、高血脂或心血管疾病的發生。

此外，高精製糖甜食及油炸類食物，如糖果、巧克力、汽水、洋芋片、炸薯條、薯餅等，均為高熱量食物。不但容易影響正餐食慾，易造成肥胖問題之外，甜食也容易導致蛀牙。家中應盡量不買垃圾食物，父母也要減少攝取作為榜樣，盡量攝取天然的點心。

幼兒應減少攝取甜食及高油脂食物

除了提供健康的餐食之外，家長在日常生活中也要注意，培養孩子清淡、多元、均衡的飲食習慣，才能讓孩子吃得健康無負擔。

果昔是很營養的點心。

✻ **提供適當的天然點心**：每天除三餐之外，可於餐與餐中間提共 1 ～ 2 次少量點心，以補充熱量及營養素，如米布丁、芝麻糊、饅頭抹堅果醬、地瓜、豆漿、豆花、紅毛苔、低鹽海苔、新鮮水果、各式堅果等都是點心的好選擇。

✻ **減少使用調味料及沾料**：不依賴太多調味料的清淡飲食有益健康，同時也讓孩子享受食物原來的美味。養成重口味的飲食習慣，容易增加未來罹患高血壓等慢性病的風險。

✻ **多喝白開水，避免含糖及咖啡因的飲料**：白開水是單純又最適合人體的水分來源，現代兒童被父母或環境影響，喜歡用飲料來解渴，但不論茶飲料、咖啡、奶茶等嗜好性飲品都有其對健康不良影響的成分，故建議幼兒應從小養成減少飲用此類飲品的習慣。

✽ **用加碘鹽及適量攝取含碘食物**：碘是腦部、運動神經功能、身高等生長發育的必須營養素，生長發育時期碘缺乏症遂引發智能低落、心智障礙以及程度不等的生長發育異常。目前市面上很多鹽品不含碘，因此建議烹調要選擇有「加碘」的碘鹽，而不用一般鹽，並適量攝取含碘食物如海帶、紫菜等海藻類食物以促進幼兒正常發育。

海帶、紫菜等海藻類食物含碘，很適合幼兒食用。

素食幼兒易缺乏的營養素

以下特別將素食幼兒易缺乏的營養素提出說明，並於食譜單元中規畫設計幼兒喜歡的食譜，供家長參考。

✽ **注意攝取足量鐵質**：鐵來源分為血基質鐵（動物性來源）與非血基質鐵（植物性來源），動物性鐵來源一吃進肚中就可以被人體吸收，但植物性鐵來源卻還要與維生素 C 合作才可以轉變成人體可吸收的鐵，因此假使維生素 C 攝取不足將容易使得素食者發生鐵質不足的情形，建議全素食的孩童飯後 2 小時內一定要搭配 1 份的水果。

另外，茶中所含有的植酸會與植物鐵結合，減少人體鐵質的吸收，所以飯後吃水果前不建議飲用茶類飲品。鐵質多的食材存在於深顏色的蔬菜中，包括紅莧菜、紫菜、海帶、菠菜、皇帝豆、芝麻、葡萄乾、紅鳳菜等。

✽ **注意攝取足量鈣質**：國健署建議 1 ～ 3 歲幼兒每日應攝取 500 毫克；4 ～ 6 歲幼兒為 600 毫克的鈣質，以 600 毫克鈣質為例，一日若喝 2 杯黑芝麻豆漿（鈣 360 毫克），同時吃到 2 份深色蔬菜，如地瓜葉、青江菜、小白菜（鈣 200 毫克），

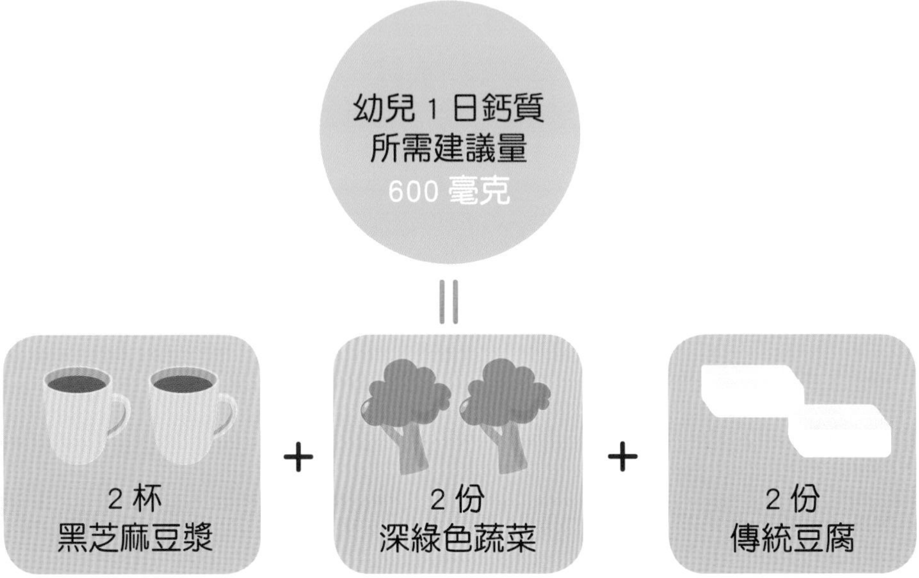

再加上 2 份傳統豆腐（280 毫克）即可達到約 840 毫克的鈣。因此只要父母稍加留意高鈣食材，並按照國健署對於全素幼兒建議的飲食份數吃，鈣質不難達到建議量。

✻ **注意攝取足量 DHA：**幼兒油脂攝取一日建議 4 份，其來源除了一般烹調用油之外，建議一份需來自堅果種子類，尤其是核桃、胡桃、亞麻籽、奇亞籽這幾種 Omega-3 含量豐富的食物，它們以 α - 次亞麻油酸的形式在食物中，吃進來之後在體內自行代謝轉化為 DHA 及 EPA。能夠活化小朋友的腦細胞，同時降低發炎反應增強免疫力。

✻ **注意攝取足量胡蘿蔔素、葉黃素：**胡蘿蔔素、葉黃素等植化素，均來自植物性食物中，以素食小朋友來說較不容易有不足的狀況，不過不愛吃蔬菜、水果的小朋友仍要留意，提醒每日飲食中須包含有深綠色或顏色鮮艷的蔬菜或水果，如芥藍菜、皇宮菜、莧菜、柿子、木瓜、地瓜、南瓜等，含有豐富的胡蘿蔔素、葉黃素。

✻ **注意攝取足量維生素 B_{12}：**由於全素飲食中無動物性（含維生素 B_{12}）如奶、

蛋食物，因此全素食幼兒需要注意補充含維生素 B_{12} 的食物，如紫菜、紅毛苔、強化維生素 B_{12} 的營養酵母、麥芽飲品、早餐營養穀片等食物，若不常食用上述食品，則建議全素食者大人與小孩每日都應額外服用維生素 B_{12} 補充劑。

✻ **注意攝取足量維生素 C：**維生素 C 是水果特有且含量豐富的營養素，因此不論任何飲食方式，每日需攝取足夠水果。維生素 C 除能夠促進膠原蛋白合成，幫助傷口癒合，減緩外來汙染對身體細胞的傷害等之外，建議素食者特別是食用五穀雜糧與蔬菜的那一餐（一般是午餐和晚餐），各需搭配一份水果，以促進鐵質吸收。

飯後 2 小時內搭配 1 份水果，可以加強鐵的吸收。

✻ **注意攝取足量維生素 D：**含維生素 D 的食物不但少，如曬過太陽的香菇及木耳，所含的維生素 D 量也極少，因此較不容易從食物中獲得。我們可經由曬太陽，從皮膚自行合成身體所需的維生素 D 量。以居住亞熱帶的我們來說，只要臉及手臂皮膚照射到陽光，每日有 15 ～ 20 分鐘的戶外活動即能合成每日足夠量的維生素 D。

✻ **注意攝取足量鋅：**鋅與組織發育、傷口癒合、食慾有關，鋅不足時容易發生口腔黏膜或組織的脱落、毛髮掉落。鋅存在最豐富的來源是肉類及海鮮類，因此全素食者每日飲食中需注意包含鋅含量較高的食物，如巴西堅果、腰果、南瓜子、葵瓜子、松子、全穀類（如糙米）及酵母麵包、發酵的豆製品（如味噌及納豆）中獲得足夠的鋅。

發酵的豆製品中含鋅。

為素食孩子選擇優質油品

做菜給孩子吃，最重要的就是油品的選擇。市面上琳瑯滿目的植物油該如何挑選，的確讓爸媽傷腦筋。正確的做法是，依不同烹調需求選用不同料理用油，才能讓全家都吃得到健康。

脂肪酸可分為三類

選購油品首先要先認識油脂成分，正確的做法應是回歸脂肪的組成元素，依照油品中的脂肪酸比例，來挑選烹調用油。

基本上，從健康的角度來看，還是建議大家平日宜盡量以低溫方式來料理食物，例如涼拌、水炒或小火炒，因為這樣不僅可盡量保留住食物本身的營養，也較能保留油脂中的營養。

其次，則可考慮選用單元不飽和脂肪酸比例大於多元不飽和脂肪酸 1.5 倍，同時多元不飽和脂肪酸成分中又富含現代人較缺乏的 ω-3 脂肪酸的油品，如亞麻籽油。大部分油品外包裝常見的主要成分如下：

✻ **飽和脂肪酸：**在室溫下呈固態，容易堆積在血管壁而增加罹患心血管疾病的風險，植物油當中則以椰子油和棕櫚油為飽和脂肪代表。近年來椰子油打著含有中

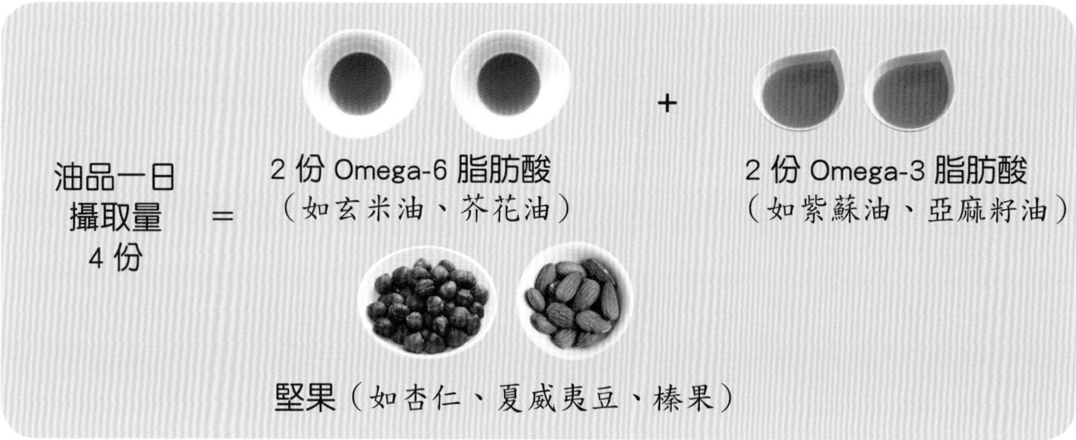

鏈脂肪酸的名號，誤導大眾以為是好油可以多吃，反而可能造成高三酸甘油脂及高膽固醇血症，不宜常用，若要吃，需吃在一日油脂建議量之內，較不會造成心血管相關副作用。

以幼兒一日油脂攝取量為 4 份來說，建議最健康油脂比例為 Omega-3 與 Omega-6 是 1：1，飲食烹調用油絕大部分為 Omega-6 脂肪酸，不論是酪梨油、玄米油、芥花油等建議一日 2 份，另外 2 份則是選擇 Omega-3 脂肪酸高的油脂，如紫蘇油、亞麻籽油。

建議多選擇 Omega-3 較多的烹調油，如亞麻籽油。

✻ **多元不飽和脂肪酸**：其中一般最熟悉的是 α- 次亞麻油酸（Omega-3）和亞麻油酸（Omega-6），這兩種脂肪酸是人體無法自行製造，須由食物中攝取的必需脂肪酸，大部分的植物油都含有比例很高的多元不飽和脂肪酸。因此父母並不需要擔心全素幼兒會有必需脂肪酸缺乏的情況發生，但營養師更強調 Omega-3 的重要性。

健康的人體內 Omega-3 與 Omega-6 的比例應是 1：1，但由於外食、烘焙食物的飲食頻率增加，使人們在 Omega-6 的攝取量倍增，體內必需脂肪酸失去平衡，促使發炎症狀產生。美國舊金山加州大學曾發表研究，證實過多的 Omega-6 和攝護腺癌有正向關係。因此，營養師建議多選擇 Omega-3 較多的烹調油，如亞麻籽油。

✻ **單元不飽和脂肪酸（Omega-9）**：近年來風潮一時的地中海飲食強調單元不飽和脂肪酸的益處，在堅果、核果中較多，不但可降低總膽固醇及壞的膽固醇（低密度脂蛋白 LDL），更可些微提升好的膽固醇（高密度脂蛋白 HDL），對身體有雙重好處。市面上宣稱「高油酸」的商品就是強調油品中含高比例的單元不飽和脂肪酸，代表油類包括茶油、橄欖油、芥花油和花生油。

衛福部建議民眾每天飲食中需額外攝取富含單元不飽和脂肪酸的堅果、核果類，以均衡油脂的來源。經常外食者不妨多選單元不飽和脂肪酸比例高的油類。最佳油脂脂肪酸比例是：飽和脂肪酸（S）：單元不飽和脂肪酸（M）：多元不飽和脂肪酸（P）＝ 1：1.5：1。

苦茶油、橄欖油含單元不飽和脂肪酸。

舉以下油品營養標示來說，左邊的單元不飽和脂肪酸比多元不飽和脂肪酸多的油較好。

成份

100%純橄欖油
冷壓COLD PRESSED

營養標示	每15ml
熱量	120大卡
脂肪	14公克
單元不飽和脂肪	11公克
多元不飽和脂肪	1公克
飽和脂肪	2公克
反式脂肪	0公克
蛋白質	0公克
碳水化合物	0公克
鈉	0毫克
維生素E(30%DRR)	3毫克

>（優於）

義大利原裝進口

產製於義大利亞平寧山脈山腳下的斯波萊托小鎮，每瓶永健 佳仕達葡萄籽油皆傳承自義大利幾百年來的製油經驗與技術。葡萄籽油具有高發煙點特性，油質穩定，高溫烹調不易起油煙，適合涼拌、煎煮炒炸等各種高、中、低溫烹調方式。高達89%不飽和脂肪含量為植物油中最高之一，零膽固醇，讓身體無負擔吃得更安心健康。

營養標示

每一份量 10毫升
本包裝含 100份

	每份	每日參考值百分比
熱量	82.8 大卡	4 %
蛋白質	0 公克	0 %
脂肪	9.2 公克	15 %
飽和脂肪	1.1 公克	6 %
反式脂肪	0 公克	*
膽固醇	0 毫克	0 %
碳水化合物	0 公克	0 %
糖	0 公克	*
鈉	0 毫克	0 %
維生素 E	1.8 毫克α-TE	14 %
多元不飽和脂肪	6.4 公克	*
單元不飽和脂肪	1.7 公克	*

營養小叮嚀

選用油品注意事項：

- 勿買散裝或來路不明的油品。
- 勿重複使用或使用不新鮮油品。
- 大量煎炸食品時，需選擇發煙點 200 度以上的食用油。
- 做菜時要用排油煙機排煙。
- 減少高溫爆炒或煎炸的食物。

依不同烹調需求選用不同料理用油

烹調時依不同烹調需求選用不同料理用油，不宜一種油用到底，主要是從發煙點來做選擇。

✻ **適合涼拌、水炒：**通常油品上標註「冷壓初榨」、「未精煉油」，都不適合高溫烹調，最好僅以涼拌、水炒（約 100 度）的方式烹調，一般常見的包括紅花籽油、葡萄籽油、亞麻籽油、紫蘇油；其中紅花籽及葡萄籽油雖發煙點＞ 200 度，但多元不飽和脂肪酸比例高，油脂結構較不穩定而較不適合高溫。

✻ **適合中火炒：**中火炒（約 160 ～ 190 度）食用油，一般為精製後的葵花子油、大豆油、玉米油、芝麻油、花生油等油品。

✻ **適合大火炒：**若需要用大火炒、煎、炸需購一個發煙點高（ > 200 度）的油品，如玄米油、精煉茶油、淡橄欖油、精煉椰子油、芥花油。另外，反覆使用的油脂發煙點也會下降，故民眾應避免重複使用已用過的油脂來油炸食物。

✻ **不適合食用的油品：**最後提醒，以預防心血管疾病的觀點而言，無論素食或葷食者皆應避免使用含反式脂肪酸的氫化油、酥烤油、人造奶油，以及其製作的烘焙、糕餅類食物。

營養小叮嚀

橄欖油的挑選

橄欖油脂顏色及氣味會依其橄欖的種類、成熟度及加工方式而不同。當選購橄欖油時，須了解是否我們買到了我們所需要的油？

- **初榨橄欖油（Extra virgin olive oil）：**最貴的一種，加工精緻程度低，充滿果香，因為烹調後會損失部分氣味，所以不常用於加熱烹調方式。用於煮好的蔬菜、生菜、沙拉、醬汁都是理想的調味品。發煙點約 170 度。
- **橄欖油（Olive oil）：**也稱為純橄欖油，金黃色和溫和的經典氣味。此為理想的全方位烹調用油，對於用在煎、炒、沙拉醬、義大利麵醬都很理想。發煙點約 200 度。
- **淡橄欖油（Light olive oil）：**加工精緻度最高，僅有淡淡的顏色其氣味。此種橄欖油與其他產品比起來是為傳遞熱能而非增加氣味，對於煎、炸或烘焙都可以。發煙點約 230 度。

依身體需求及烹調方式選擇油品，較符合健康需求。

表：各類油品發煙點與脂肪酸組成表（每 100 毫升）

油脂種類	發煙點	飽和脂肪（g）	單元不飽和脂肪酸（g）	多元不飽和脂肪酸（g）	多元不飽和脂肪酸 Omega-3（g）	多元不飽和脂肪酸 Omega-6（g）	P／M／S	適合烹調方式
茶油（半精煉）	約 252℃	11.1	79.4	9.4	0.6	8.8	1.0／8.1／1.2	大火炒、煎、炸
芥花油	約 246℃	9.7	54.1	36.0	7.6	28.4	3.7／5.6／1.0	大火炒、煎、炸
大豆沙拉油	約 245℃	16.1	23.7	59.9	6.8	53.1	3.7／1.5／1.0	大火炒、煎、炸
椰子油（精煉）	約 232℃	90.1	8.0	1.7	0.0	1.7	1.0／4.7／53.4	大火炒、煎、炸
橄欖油	約 230℃	16.3	74.2	9.4	0.7	8.7	1.0／7.9／1.7	大火炒、煎、炸
紅花籽油	約 229℃	10.6	15.8	73.6	0.5	73.1	6.9／1.5／1.0	大火炒、煎、炸
葡萄籽油	約 216℃	11.4	19.8	68.7	0.3	68.3	6.0／1.7／1.0	大火炒、煎、炸
葵花籽油	約 210℃	11.6	26.5	61.9	0.5	61.4	5.3／2.3／1.0	大火炒、煎、炸
玉米油	約 207℃	14.8	27.1	57.9	2.7	55.2	3.9／1.8／1.0	大火炒、煎、炸
花生油	約 162℃	20.8	40.9	38.3	0.09	38.2	1.8／2.0／1.0	中火炒
亞麻仁油（冷壓）	約 107℃	9.7	16.4	66.6	53.4	13.1	6.9／1.7／1.0	涼拌、水炒
玄米油（秈米）	約 210℃	24.1	41.9	33.9	1.1	32.8	1.4／1.7／1.0	大火炒、煎、炸
紫蘇籽油	約 107℃	8.0	18.1	73.7	未有資料	未有資料	未有資料	涼拌、水炒
酪梨油（冷壓初榨）	約 200℃	17.0	65.0	10.0	未有資料	未有資料	未有資料	大火炒、煎、炸
印加果油	約 180℃	7.0	未有資料	未有資料	48.0	36.0	未有資料	涼拌、水炒

參考資料：衛生福利部食品藥物管理署食品成分資料庫 2022 年版，發煙點 - 行政院衛生署國民健康局健康九九網站，紫蘇籽油、酪梨油、印加果油 - https://www.actionalhome.com.tw/pages/%E6%B2%B9%E5%93%81

優質素食食材的挑選及儲存

為了讓孩子吃得健康，在素食食材的挑選上，父母也應嚴格把關，營養師也將常見素食食材的挑選原則列出，供選購時參考。

全穀雜糧類

✻ 選購：

❶ **產地或直銷或有機栽培的產品：**標榜原產地生產或有機栽培的雜糧作物，或者特殊品種栽種的作物，雖然價格相較之下會較高，但可降低殘留有害物質的可能性，如農夫市集的小農所販售的食材。

❷ **選擇真空包裝或有信譽的商家：**散裝的五穀雜糧不但容易變質，還可能有過期品混雜其中，建議選購有完整包裝的產品為佳，像是真空包裝品，若要選購散裝產品，最好向值得信賴或具知名度的商店購買。

❸ **選購適當包裝：**五穀雜糧作物雖耐久放，卻忌諱潮濕環境，台灣氣候濕氣較重，一般家中不利於存放五穀雜糧，選用小包裝，吃多少買多少，得以經常吃到較新鮮的產品。

✻ 儲存：冷藏是一個不錯的儲存方式。夏季時若存放時間超過一個月，最好貯存於冰箱。

✻ 清洗、烹調注意事項：

❶ 小米烹調快速，是一種無麩質的穀物，有天然的苦味保護層「皂苷」，烹調前一定要徹底清洗。

❷ 藜麥烹調快熟，與小米一樣有皂苷這種帶苦味的天然防蟲物質，烹調前應徹底清洗。藜麥浸泡後會迅速發芽，由於發芽時在藜麥本身的酵素的分解作

用下，鈣質、鐵質、蛋白質等營養素吸收效果也因此會加倍。

❸燕麥本來無麩質，但處理燕麥的機器通常也處理小麥和其他穀物，如果對麩質過敏者，請買證明無麩質的燕麥。

❹五穀米若有蓮子或豆類會比較麻煩，因為相較於糙米和其他雜糧類，蓮子和豆類需要泡水久一點才好煮。雜糧米若含有豆類和蓮子需要泡 1 到 2 小時，「水：雜糧米」的比例是「1.6：1」，而雜糧米泡水後會膨脹程度比白米和糙米都多，要注意容器大小。也可以自己買其他的雜糧來搭配糙米，變成你家的獨特雜糧米配方，最推薦燕麥、小米、蕎麥，因為容易買到，跟著糙米一起泡水一起煮，口感就很好。若是糙米混白米煮，因為泡水時間不同，兩種要分開泡，糙米要較早開始泡。不管是白米飯、糙米飯還是雜糧飯，煮完後不要馬上吃，翻動一下再燜 3 ～ 5 分鐘，就會更軟 Q 好吃。

豆類

◎豆粒

✻ **選購：**首先觀察其顏色和成熟度，優質豆顏色正常、有光澤、豆粒飽滿、豆皮緊繃。其次觀察其完整性，優質豆很少有破粒、霉變和發芽豆粒。聞氣味和看乾燥程度，豆類有一種天然的豆香味，用牙齒咬豆粒，發音清脆，説明豆粒乾燥。

✻ **儲存：**買回家後稍微檢查一下，將破損或變色的豆子挑出，以免汙染蔓延，之後裝在保鮮盒或密封罐裡，放通風、陰涼、乾燥處儲存，溫度最好在 20℃以下，相對濕度在50%以下。若沒有適當的儲存位置，盡量不要儲存太久，盡早使用完畢。

✻ **清洗、烹調注意事項：**黃豆烹煮前一定要泡到發脹才容易煮熟，建議浸泡 6 ～ 8 小時（中間需換水），或可直接不換水放冷藏泡整夜。剝開子葉，若整顆黃豆都變成如外圍般的淺乳白色，即代表泡開了；若內外圈不同色，則表示還要再多浸泡一會兒。

◎豆腐

✻ 選購：品質好的呈均勻的乳白色或淡黃色，稍有光澤，軟硬適度，富有彈性，具有豆腐特有的香味，口感細膩鮮嫩，同時請選擇非基因改造豆腐。

✻ 儲存：包裝完整的盒裝豆腐或真空包裝的豆乾，買回家後直接放進冰箱冷藏即可；若是散裝的板豆腐，買回家後要先以清水沖洗乾淨，放入鹽水中煮沸 5 分鐘（記得要把鍋蓋打開，跟燒開水一樣，避免有害物質殘留），煮過之後撈起瀝水，即可收入冰箱冷藏，如此可保存數天不壞，比浸泡水中還耐放。下次拿出來食用時可不用洗直接烹調。

✻ 清洗、烹調注意事項：豆腐是可即食的食物，涼拌豆腐用飲用水清洗過後即可食用，若不放心，可放入水中煮沸 5 分鐘再吃（煮沸期間記得要把鍋蓋打開）。

◎乾豆皮

✻ 選購：品質好的色澤呈淡黃色，張張整齊，薄厚均勻，具有豆腐的香味。另外，用於火鍋料的油炸豆皮，由於不清楚商家使用的炸油品質，建議盡量少吃炸豆皮。選用脫水乾燥或風乾法製作的乾豆皮尤佳。

✻ 儲存：乾豆皮類似乾貨儲存方式，放置通風、陰涼、乾燥處儲存。包裝拆封後即放至冷藏儲存。

✻ 清洗、烹調注意事項：煮之前浸泡於冷開水 10 ～ 15 分鐘，待泡軟之後，切成需要的大小，即可直接烹調。一般可以和其他蔬菜一起炒、涼拌或煮湯均可。

◎豆乾

✻ 選購：品質好的豆乾呈白色或淡黃色，用手按壓，富有一定的彈性，切口處擠壓無水滲出，具有豆乾特有的清香味，若豆乾摸起來軟爛，靠近鼻子聞有腐臭味表示已變質。

✻ 儲存：以清水沖洗乾淨，放入鹽水中煮沸 5 分鐘（記得要把鍋蓋打開，跟燒開水一樣，避免有害物質殘留），煮過之後撈起瀝水，即可收入冰箱冷藏。

✻ **清洗、烹調注意事項：**豆乾可以用許多不同方式供應，可當點心直接吃、搭配穀類、當配菜或與生菜、菇類、海帶類共同做成半生半熟食物。滷豆乾的做法，可切小塊或稍微炸過，再滷較容易入味。

◎生豆包和濕豆皮

✻ **選購：**看起來應無雜質，外觀薄且摸起來微軟，聞起來豆香味濃；若豆皮發現有黑點或腐爛，表示發霉或製作時滲入異物，請勿選購。

✻ **儲存：**新鮮的生豆包不耐室溫，買回家之後最好馬上放入冰箱冷藏，並且當天食用完畢，否則應即刻分裝冷凍，每次使用時只取需要的用量解凍，就不會因重複解凍導致豆包酸壞，另外放進冷凍前，可先把豆包一片片打開攤平，約 2 張裝一袋，下次拿出烹調時較容易解凍使用。

✻ **清洗、烹調注意事項：**煮之前稍微沖水一下即可。

◎腐竹

✻ **選購：**質地脆嫩，容易折斷，購買時如果沒有這些特質則說明腐竹品質有問題。經烘乾的豆製品，表面應有一層薄薄的豆油，所以淡黃色、帶光澤、油感重，且豆味香濃的才是上品。

✻ **儲存：**腐竹一樣也類似乾貨儲存方式，密封完全、放置通風、陰涼、乾燥處儲存，雖然包裝上說明可儲存 1 個月，但每個家庭儲存位置濕度不同，仍建議開封後盡快吃完。

✻ **清洗、烹調注意事項：**煮之前稍微沖水一下即可烹調，若是煮湯則直接放入，若是用炒煮之前可先泡水 30 分鐘左右稍軟後再煮，口感較佳。

◎豆豉

✻ **選購：**乾豆豉品質好的顆粒飽滿，鮮味濃厚，沒有霉變，沒有雜質和異味。

蔭豆鼓濕軟看不出完整顆粒，一般為玻璃罐身鐵蓋裝，選購時留意蓋子是否有膨起，膨蓋狀況，表示產品受到汙染或發酵不新鮮。

✻ **儲存：**放置通風、陰涼、乾燥處儲存。開封後可放置冷藏。

✻ **清洗、烹調注意事項：**煮之前稍微沖水一下即可烹調。

蔬果類

✻ **選購：**

❶ **特有色澤：**需有光澤、新鮮的外表，檢查是否有凋萎枯黃、斑點、損傷、凍傷的現象。

❶ **特有形狀：**不成形的產品通常有較差的口感、組織粗糙，並且也難保存。

❸ **適當的大小：**太小或未成熟的蔬果會缺乏其風味；而過熟或較老的蔬果則質地較粗糙。

❹ **購買當地、當季且新鮮的蔬菜：**新鮮蔬果脆度高、不凋萎。不一定非得在有機商店裡才能買到令人安心的食材，只是需要多逛、多接觸；同時，別忘了詢問產地。農藥毒性的強弱差別很大，有些是可以清洗的，有些卻會殘留在蔬果中，無法分解。例如我們無法掌握「農業管理制度不嚴謹的國家」所進口的蔬菜，其農藥毒性及用量，也不知他們是否用了禁藥，所以比較危險。

✻ **儲存：**所有的蔬果需要小心地處理及儲存才能保存品質。在儲藏前要先將蔬

當養小叮嚀

四季蔬果

除了「當地」外，也要買「當季」的蔬果，不但符合自然原則，盛產時農藥少，也一定是便宜又最好吃的時候。當季蔬菜舉例來說：

冬：白蘿蔔、高麗菜、大白菜、芥菜、茼蒿、甜菜、碗豆等。

春：菠菜、芹菜、青椒、甜椒、番茄、鳳梨、木瓜等。

夏：瓜果類（苦瓜、西瓜等，偏涼性）、空心菜、荔枝等。

秋：綠金針、蓮藕、牛蒡、山藥、佛手瓜、花生、菱角等。

果損壞的部分丟棄、將儲存的食物堆疊好，以使空間的空氣能流通、蔬果可以繼續行呼吸作用。此外，蔬果要趁新鮮盡快食用完畢，葉菜類存放勿超過 5 天，否則會導致營養素流失；當出現腐壞情形時應盡速摘除，以免使存放在一起其他蔬果加速腐敗，造成浪費。

大部分的農產品都需要冷藏，以抑制酵素的活性，避免蔬果老化及喪失營養素。除了未成熟的香蕉（因為促使香蕉熟成的酵素在暖和的溫度下活性較高）、酪梨、洋蔥、馬鈴薯可在室溫儲存外，大部分蔬果皆需要冷藏儲存。

若想避免根莖類發芽，除了避光外，可以將此類食材與蘋果一起擺放，因為蘋果會釋放乙烯，可以抑制根莖類食物產生發芽情形。此外，儲存蔬菜時不要將番茄和萵苣放在附近，因為番茄會使萵苣變成褐色。

大部分的農產品在儲存前並不需要清洗，尤其是草莓、藍莓、洋菇、李子、葡萄等蔬果，洗後儲存容易發霉或枯萎。

✻ **清洗、烹調注意事項：**洗蔬菜的原則是：「先浸泡、後沖洗、再切除」，先以清水先浸泡 3 分鐘，待農藥溶解在水中後，再用流動的清水沖洗。值得提醒的是，浸泡時間不需太長，重點是以流動的水沖洗，才能讓水流帶走蔬果的殘留農藥。蔬果經過仔細沖洗，才能切小塊，或是除去不食用的部分。切除的步驟必須最後處理，避免農藥汙染刀具，讓刀具上的農藥汙染到乾淨的部位。

不用削皮即可煮或烤的蔬菜，會比其他需要削皮或切割的蔬菜保留更多的營養素，如番茄、黃瓜、茄子等；總之在烹調前將蔬菜切得愈小，會因切割的表面積增加，使維生素流失或氧化愈多，可減少不必要的蔬菜切割來保留維生素 C、B 群、葉酸及一些水溶性維生素。

當烹調蔬菜時，最重要的一點就是不要流失蔬菜的營養素。烹調蔬菜時盡量縮短烹調時間，藉此保留蔬菜的質地、大部分的營養素、顏色及風味。如水煮蔬菜時，要先將水煮滾，以減少加熱的時間，並用充足量的水覆蓋（可保持顏色與風味）。

同時盡量保留水果果皮，連皮一起吃，因為很多水果表皮下的維生素及礦物質比水果內部來的多，如葡萄、水梨、檸檬、柑橘（金桔）等。

營養小叮嚀

水果乾的選擇

水果乾如葡萄乾、黑棗乾、蔓越莓乾以及杏桃乾等，特別是杏桃乾、金黃葡萄乾和其他顏色鮮艷的水果乾為了延長其保存期限，並保留水果鮮豔的色澤，會加入二氧化硫或亞硫酸鹽作為防腐，同時農藥也會集中在果乾上，建議如果孩子愛吃水果乾，可購買有機水果乾。

堅果油脂類

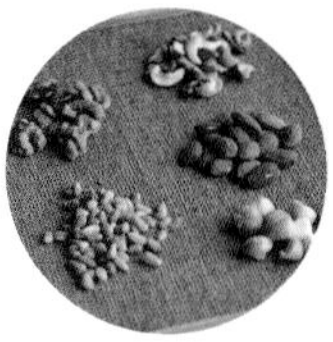

✻ 選購：

❶ **選擇無添加的調味料堅果：**我們常說「天然的尚好」，當然堅果也不例外！市面上常常會有些加工堅果，外表裹糖、裹鹽、沾粉來吸引大眾的味蕾，或用以掩飾品質低下的堅果，而讓堅果失去原本的味道，這樣多吃反而有害，還會因為不明的添加物造成身體負擔。

❷ **選擇低溫烘焙的堅果：**通常堅果有三種烘焙方式：

低溫烘焙——控制在 104 ～ 120℃的溫度，慢慢把堅果的水分烘乾，用最溫和的方法保留堅果最原始的風味，雖然是最耗時也最耗工的作法，但這樣不會破壞營養素，完整保存營養，是最推薦的烘焙方式。

高溫烘焙——烘焙溫度在 120℃以上，用此方法會使一些不耐熱的營養素流失，像是維生素等。

高溫油炸——用 200℃以上的高溫油炸，會讓堅果流失水分變得乾、死脆，不僅讓堅果易有油耗味，更讓本身的營養幾乎都流失掉，是最不推薦的方法。

❸ **選擇最佳的堅果產地：**每種不同的堅果都有不同的產地，像是核桃出口是中國、美國最多；腰果是越南、印度、巴西；夏威夷豆是澳洲、南非；杏仁是義大利、西班牙，雖然是同種堅果，但是產地不一樣，品質也會不一樣喔！

❹ **選擇原色、飽滿的健康堅果：**如看到白得不正常的夏威夷豆或是顏色太深的核桃，小心！那可能就是含過度添加物的堅果喔！挑選堅果果實要選保有原來樣貌的，才能確保是健康的無加工的堅果。像是帶點綠皮的開心果、深琥珀色的核桃、米黃色的夏威夷豆。

✻ **儲存：**適當儲存可避免油脂酸敗。帶有殼的堅果可以放在低溫且乾燥的室溫下儲存；去殼後則大部分的堅果均須冷藏。種子類如南瓜子、葵瓜子、芝麻、亞麻籽等須真空包裝同時存放在低溫、乾燥及陰暗的地方，購買時不妨先觀察店家的存放方式是否恰當，才能買到最優質的堅果食材。由於堅果的高油含量，建議拆封後，儲存在玻璃容器中，以防塑膠容器溶出塑料毒素。

✻ **清洗、烹調注意事項：**

❶ 生的堅果買回來，就像大多數的豆子一樣都需要浸泡，浸泡一夜之後，比較容易去皮，也容易被人體消化。蒸過之後可自己打成泥或自製堅果醬，比起外賣烘烤或炸過的產品，可保留住較多的營養。

❷ 奇亞籽是 omeg-3 脂肪酸第二高的植物來源，很好的抗氧化食物，奇亞籽應生吃，食用前先浸泡在汁液中膨脹變稠後，即可直接食用，不須研磨就可以得到它的營養。

❸ 亞麻籽是 omeg-3 脂肪酸第一高的植物來源，在研磨後營養才會較容易被吸收，為了防止油脂氧化酸敗，一次只用磨豆機或香料研磨機研磨 2 ～ 3 週的用量，將其儲存在玻璃密封的罐子裡，放入冰箱存放降低氧化速度；可以將亞麻籽粉撒在麥片中、煮熟蔬菜上或飯上，享受它的堅果香氣。

❹ 小麥胚芽是全麥中營養最集中的部位，不但含有許多營養素葉酸、鉀、鎂、B 群，蛋白質含量相當高，20 公克就有接近一份的蛋白質，可以說是穀類之冠，甚至贏過所有豆類，只輸給黃豆和黑豆，是素食者很好的蛋白質來源。

認識基因食品及基改食物

基因工程（Genetic engineering） 是允許種植者準確且可控制的改變種植物種的基因組織程序。此種方式相較傳統植物培育技巧不但更快速簡單，且所有人力及物力成本都大大降低。例如將生物科技的技術於作物中加入抗乾旱、抗害蟲、抵抗除草劑和可長期保存的基因，甚至使作物具有一種蛋白毒素以毒殺毛蟲的基因，可減少殺蟲劑的部分使用，也使作物較易順利成長。

基改作物帶來的壞處

雖然基因工程技術可以藉由抵抗動植物病變及增加作物產量而改善飢荒問題，但相反地，基因改造作物為我們所帶來的壞處絕對不小於好處。

❶ 基因改造作物可能擴散至其他物種，而產生非預期的狀況，進而影響到整個大環境，如非預期的蟲對特定殺蟲劑產生抗藥性。目前已經有有機栽培農夫發現，基因改造植物的花粉，因風吹至他們耕地而影響其作物。

❷ 引發人體發生因感染而束手無策的情況，因為食物含有抵抗抗生素的基因。

❸ 基改食物影響腸道菌叢的基因，進而不斷產生有害物質，影響健康。

❹ 科學家以動物實驗發現，食用基因改造食品有嚴重損害健康的風險，包括不育、免疫問題、加速老化、誘發腫瘤、胰島素的調節和主要臟腑及胃腸系統的改變。

常見基改作物及產品

國建署目前規定以基因改造黃豆或玉米為原料，占最終產品總重量5%以上的食品，應標示「基因改造」或「含基因改造」字樣；同時台灣不允許種植任何的基因改造作物。

一般人沒有辦法透過觀察外觀、品嘗、觸摸、聞嗅等方式來判定黃豆、玉米等農產品是否為基因改造作物，更何況是經過加工之後的各種食品形式。故依產品標示來選購較能保障健康。

目前已商品化的基因轉殖作物有：黃豆、玉米、油菜、棉花、番茄、稻米、馬鈴薯、木瓜、甜菜、小麥。在台灣市面上流通的基因改造食品（GMF），有五項：

- **黃豆製品：**如大豆沙拉油、醬油、豆漿、豆乾、豆腐。
- **玉米製品：**如玉米油、玉米粉、麵包及糕點。
- **其他：**棉花、油菜與甜菜。

各國基改食物標示說明

目前台灣、中國、日本、韓國、馬來西亞、越南、泰國、印尼等 64 個國家訂有強制基因改造食品標示，這些國家的消費者可透過閱讀商品上的標籤——看看是否標註「基因改造食品 GMF」、「基因改造生物 GMO」等來分辨。

研發種植基因改造作物的大國如美國，對於聯邦層級的基因改造食品訂有強制標示法令，至於加拿大始終以「缺乏明確的科學證據證明基因改造作物有害人體」的理由，拒絕在食品包裝上標示基因改造成分。

認識有機／無毒食材

通常聽到「有機食品」的時候，大部分的人可能會覺得是個比較天然，而且沒有農藥、殺蟲劑、抗生素等使用的健康食品；但有機食品通常比較貴，而且有些食材還不是容易買到的。

其實有機食品，就是農夫種植的植物性食物原料（如黑糖、可可、咖啡豆、麵粉等）、蔬菜和水果時，不使用合成的藥物。有機與非有機的食物在營養成分的任何一個方面（比如蛋白質、微量元素、礦物質、纖維等）都沒有差別。如果擔心沒有給孩子吃有機食物會導致吃的食物營養成分沒這麼高，現在可以放心了，因為差別是在種植對環境的破壞及種植過程對食材的汙染。那麼爸媽們怎樣選擇，才是對孩子、對家人最好的方式？以下幾大原則不妨參考一下。

◎多樣化食物、營養均衡最重要

在有限的金錢和時間裡，能選擇最多種類的食物是最重要的。相同一筆錢如果選擇普通食材，各種東西都可以買到一些，但如果選擇有機食物，只能少買一些種類的食物，那麼對全素孩子來說，多樣化普通食材的選擇更重要。

◎在地、當季新鮮食物為優先

無論是否有機，距離住家愈近的農場裡產出的蔬果愈是我們的優先選擇，因為食物如果要經過長距離運輸才能到達賣場的話，在食物保鮮過程中可能會添加一些我們不想要的東西。另一方面，從保護環境的角度看，長距離運輸也是比較耗費環境資源，並產生很多碳排放的方式。另外，當季新鮮食材因為氣候的關係容易種植，產量大也較便宜；非當季蔬果由於較不易種植，價格貴之外，需要耗費較多促進或維持該種類蔬果生長所需要的「協助」，如催熟、保鮮，這些對孩子的健康未必不是潛在的危險。

◎某些食物的農藥與殺蟲劑殘留量比較高

某些食材其化學藥物的使用量或殘留量就是比較高，根據美國環保組織 Environmental Working Group（EWG）公布美國「2017 年污染蔬果名單」有草莓、菠菜、蘋果、桃子、梨子、櫻桃、葡萄、芹菜、西紅柿、甜椒和馬鈴薯。由於台灣尚無數據，我們可以參考美國的資料，這些食物可以優先選擇有機品種，如果沒有有機可以買，也記得吃之前多洗幾次或者除去皮吃。相反，洋蔥、玉米、高麗菜、甜豆、木瓜、蘆筍、芒果、茄子、奇異果、哈密瓜、花椰菜和葡萄柚等的藥物殘留量總是最少的，就沒有必要非買有機的不可。

有機／無毒標章

經驗證通過的國產農產品，會標有 CAS 台灣優良農產品、CAS 台灣有機農產品、吉園圃及產銷履歷標章（如右頁圖示），消費者可據此辨識合格的一般農產品或有機農產品。除了農產品之外，幼兒健康食材的選擇有以下建議：

◎以天然、新鮮的食材為主

不選過度加工（糖蜜、醃漬、油炸處理過、罐頭）及含有太多人工添加物的食物。家長們在購買市售包裝食物時，一定要記得看內容成分，天然食材之外，添加物成分愈少愈好，尤其含色素和甜味劑的食品。

◎成分、保存期限、保存難易度都要考量

購買包裝食品時，除了記得看成分，也不能忽略保存期限和是否容易保存。特別是賣場所購買的食物通常都是大包裝，拆封後若一次不能吃完，請按包裝上的保存方式保存，並盡快使用完畢。

◎避免重口味，以「少鹽、少糖、少油脂」為原則

尤其是含高量的精緻糖（包括果糖、砂糖、冰糖、黑糖等，一份食物精緻糖以不超過 10g 為限）、反式脂肪（又稱氫化油脂、人造奶油）、飽和脂肪，含量愈少愈好。另外，也要注意隱藏性的鈉含量，如海苔醬、素香鬆、番茄醬、番茄汁；有些食品吃起來不一定很鹹，但鈉含量卻很高，如麵線、油麵，1～3 歲建議每天 2 公克，4～6 歲則每天 3 公克。而 1 公克的鹽含有 400 毫克的鈉，換算下來， 1～3 歲為 800 毫克，4～6 歲為 1200 毫克。若是一份食物的鈉含量超過 100 毫克以上，對幼童來說就會造成很大的負擔。媽咪可以試著估算看看，你家寶貝一天大概吃下了多少鈉呢？

食品標章

CAS 台灣優良農產品

CAS 台灣有機農產品

吉園圃

產銷履歷

兒童專用餐具材質注意事項

目前市售兒童餐具林林總總每個看起來都很可愛，造型又多變，用來製作餐具的材料很多，有塑料、陶瓷、玻璃、不鏽鋼、竹、木等。如何選購，原則如下：

❶ 選用安全材質，或可選擇知名兒童餐具品牌，經過了國家相關部門檢測的知名大廠，可以確保材料和色料純淨，安全無毒，更具安全性。有些天然材質的餐具，如木質或竹製餐具很不錯，但是比較容易發霉，清洗後要更注意通風晾乾；金屬類餐具可選擇 316 不鏽鋼餐具，較不容易有重金屬的疑慮；矽膠餐具則有不容易破裂、容易清洗的特性，但因為受到材質優劣的影響很大，最好要特別選擇註明「食用級矽膠」的餐具喔！

❷ 沒有尖銳邊角，多圓形安全設計，沒有尖銳邊角，防刮傷。

❸ 多功能，防滲漏，可選擇兼顧外出攜帶方便、安全、小巧別緻與實用等多功能餐具。

❹ 選擇耐高溫煮久不易變形、脆化、老化和經得起磕碰、摔打，在磨擦過程中不易起毛邊的餐具。

❺ 挑選內側沒有彩繪圖案的器皿，不要選擇塗漆的餐具。

❻ 儘量不要用塑料餐具盛裝熱騰騰的食物。

❼ 使用完畢後及時徹底清潔餐具，以免細菌滋生，並與成人餐具分開放置。

營養小叮嚀

美耐皿不適合盛裝食物

另外提醒媽媽，有時為了方便，兒童也會使用家中其他餐具盛裝食物，有許多家庭使用盛裝食物的餐具是外觀宛如陶器，卻較為輕巧且不易碎的美耐皿，而不知美耐皿是三聚氰胺與甲醛聚合而成的塑膠製品，長期盛裝食物時會有一定量的三聚氰胺與甲醛滲入食物之中，因此可以趁機會審視一下家中餐具。

以下表格整理出市面上各種材質的塑膠容器，請父母親留意外出用餐時，小攤販的餐具或外觀漂亮的飲料容器，是否有錯誤使用的情形。建議可攜帶自己的餐具出門。

分類	食品容器	使用注意事項（耐熱溫度）
PET（聚乙烯對苯二甲酸酯）	保特瓶、飲料瓶	1. 避免盛裝高溫飲品（≧ 85℃） 2. 一次性拋棄 3. 最高耐熱 60 ～ 85℃
HDPE（高密度聚乙烯）	牛奶瓶、厚塑膠袋	1. 不重複盛裝飲用品 2. 最高耐熱 90 ～ 110℃
PVC（聚氯乙烯）	保鮮膜、雞蛋盒	1. 不可盛裝高溫食品（≧ 85℃） 2. 不可微波 3. 最高耐熱 60 ～ 80℃
LDPE（低密度聚乙烯）	塑膠袋	1. 避免盛裝高溫食品（≧ 90℃） 2. 最高耐熱 70 ～ 90℃
PP（聚丙烯）	微波容器、果汁瓶、豆漿瓶、布丁盒	最高耐熱 100 ～ 140℃
PS（聚苯乙烯）	養樂多瓶、冰淇淋盒、保麗龍碗	1. 不可盛裝酸、鹼性食品 2. 避免盛裝高溫食品（≧ 90℃） 3. 最高耐熱 70 ～ 90℃

媽媽手記

全素食
幼兒健康食譜

Part 3

素食幼兒營養補給站

在本書的食譜中，營養師會針對素食幼兒、幼童較可能缺乏的營養素提出做說明，並以適合的食材來設計食譜，讓孩子從日常飲食中輕鬆補充營養。

主題 1 高鈣

孩童時期足量的鈣質特別重要，除了可以幫助孩童成長外，也有助於成人時期有較佳的骨質及較少的骨折風險；而孩童時期若長時間缺乏時則會有生長遲緩的現象、佝僂症及生長中骨頭鈣化的異常。

素食孩子更易缺嗎？

鈣質對於成長中幼兒的骨骼鈣化非常重要，足夠的鈣質可幫助孩童成長，缺乏時會有生長遲緩的現象。根據 2011 年臺灣嬰幼兒體位與營養狀況調查結果顯示：1 至 3 歲幼兒鈣質攝取不足之百分比為 14.2%，4 至 6 歲幼兒則為 19.7%。當孩子不再以母奶或嬰兒配方食品為主要食物後，如何讓素食的孩子能夠攝取足夠的鈣質，爸爸媽媽不妨參考本書營養師規畫的食譜「上菜囉！」。

增加鈣質吸收的因子

◎身體的需求：

孩童的鈣質吸收率可高達 75%，成人對鈣質的吸收率為 20%至 40%，而老年人對鈣質的吸收能力則會減弱。

◎維生素 D：

經日曬過後的香菇與黑木耳等食物富含維生素 D 和鈣質食物一同食用，或多曬太陽幫助人體自行合成維生素 D，均能促進鈣質的吸收。

影響鈣質吸收的因子

◎植物中的草酸、植酸

✻ 避免和含草酸、植酸的食物一同食用，草酸、植酸會和鈣質形成不溶性的草酸鈣或植酸鈣，降低腸道吸收鈣質。

✻ 菠菜因草酸含量高，且其鈣質為草酸鈣型式，所以不易被吸收。

◎高鈉食物攝取

✻ 攝取含鈉高食物會增加尿液中鈣質的流失。

✻ 高鈉食品為醃漬／醃燻食品、罐頭食品等加工製品及含鹽食品。

◎過量蛋白質、脂肪攝取，會促進鈣質的排泄進而造成鈣質流失。

◎影響鈣質吸收的其他因素：人體對食物中鈣質的吸收率約為 30%，例如豆漿鈣質的吸收率為 30%。某些蔬菜含有大量的草酸或植酸，會阻礙鈣的吸收，例如菠菜鈣質的吸收率只有 5%。當蔬菜的草酸含量低，鈣質的吸收率會大大提升至 50 ～ 60%，例如芥菜、高麗菜、油菜、芥藍菜、大白菜、花椰菜、白蘿蔔等。

〔富含鈣質的食物〕豆類、海帶類、深綠色蔬菜、堅果種子類等。

素食者鈣質的食物來源與含量

50～100毫克／每100公克			
蔬菜		蔬菜	
大芥菜	98	黃豆芽	51.8
不結球白菜	94.9	紫色甘藍	51
油菜	87.9	全穀類	
海帶	86.5	紅豆	86.6
芹菜	83.2	綠豆粉	73.6
菠菜	80.9	生鮮蓮子	69.4
甘藍芽	74.6	米豆	62.7
芥菜	72.4	堅果種子類	
空心菜	70.4	原味葵瓜子	90
美國空心菜	68	白芝麻（熟）	76.1
小麥苗	58.5	豆製品	
甘藍（扁圓形）	57.6	毛豆	83.6
廣東萵苣	56.3	豆腐皮	62
綠豆芽	55.6		

鈣質的參考攝取量

根據衛生福利部食品藥物管理署公告第八版的「國人膳食營養素參考攝取量」建議：1～3歲幼兒足夠攝取量（Adequate Intake, AI）為500毫克／日，4～6歲幼兒足夠攝取量為600毫克／日。

101～200 毫克／每 100 公克			
蔬菜		**全穀類**	
裙帶菜	199	生蓮子	128.9
九層塔	190.8	雪蓮子(小)	117.5
芥藍菜	180.6	花豆	108.4
黑豆芽	165.6	綠豆	108
白莧菜	146.2	**堅果種子類**	
荷葉白菜	131.4	花生粉	114.7
小松菜	126	杏仁粉	108.8
紅鳳菜	121.8	開心果	106.5
葵扇白菜	119.4	**豆製品**	
甘薯葉	105.4	黃豆	194
小白菜	103.4	黑豆粉	190.5
青江菜	101.6	黑豆	176.2
黑葉白菜	100.7	黃豆粉	143.9
		傳統豆腐	139.9

201～300 毫克／每 100 公克			
蔬菜		**豆製品**	
壽司海苔	298.1	日式炸豆皮	292
紅毛苔	277.8	豆乾絲	286.7
洋菜	247.9	五香豆乾	273
紅莧菜	218.2	豆棗	272.7
堅果種子類		凍豆腐	240.5
杏仁片(熟)	262.4	三角油豆腐	215.5
亞麻仁籽	253		

＞300 毫克／每 100 公克			
蔬菜		**堅果種子類**	
野苦瓜嫩梢	459	黑芝麻(熟)	1478.6
紫菜	341.6	黑芝麻粉	1449.2
野莧菜	335.6	山粉圓	1072.9
豆製品			
小方豆乾	685.3	愛玉子	713.9
黑豆乾	334.6		

（資料來源：台灣食品成分資料庫 2016 年新版）

主題 2 高鐵

缺鐵及缺鐵性貧血的發生率很高，特別是嬰兒及年紀小的幼童，常見於 6 ～ 24 個月幼兒。鐵質不足時，容易發生貧血，當細胞的氧氣供應不足時，易導致活動力和學習力下降，甚至影響孩童智力，另外也會降低疾病的抵抗力。

素食孩子更易缺嗎？

根據 2011 年臺灣嬰幼兒體位與營養狀況調查結果顯示：1 至 3 歲幼兒鐵質攝取不足的百分比 20.8%，4 至 6 歲幼兒則為 22.7%。素食孩童鐵質攝取不比葷食孩童低，但須注意植物性來源的鐵質不像動物性來源的鐵質容易被身體吸收，所以更要請爸媽在日常飲食中加入含鐵的食材來幫孩子補充。

增加鐵質吸收的因子

◎維生素 C 能增加鐵質吸收率：

飯後須立即攝取維生素 C 高的水果如芭樂、奇異果等。

影響鐵質吸收的因子

◎草酸、植酸、單寧酸等能降低鐵質吸收率：

- 減少可可、茶飲等飲品與正餐或富含鐵質食物一起食用，如果要飲用至少須間隔 1 小時以上。

◎影響鐵質吸收的其他因素：

- 全穀物、豆類等含有較高植酸，阻礙人體吸收鈣、鐵、銅、鋅及鎂等礦物質，利用浸泡、催芽、發酵等方式，可活化植物本身的植酸酵素，植酸酵素可以將植酸分解，因此即可提高礦物質的吸收率。另外種子、堅果類同樣也能進行浸泡、催芽。浸泡、發芽後的食物變得更容易消化、不易脹氣，很適合小朋友食用。
- 不過特別注意，很多豆類不可生吃，即使是發芽豆類也一樣，因為豆類含有植物血球凝集（phytohemagglutinin），會造成噁心、嘔吐、腹瀉及腹絞痛等不適症狀，必須經過烹煮後才能破壞。

〔富含鐵質的食物〕全穀類、豆類、海帶類、深綠色蔬菜、堅果種子類等。

鐵質 的參考攝取量

根據衛生福利部食品藥物管理署公告第八版「國人膳食營養素參考攝取量」建議：1～3 歲幼兒建議量（Recommended Dietary Allowance, RDA）為 10 毫克／日，4～6 歲幼兒建議量為 10 毫克／日。

素食者鐵質的食物來源與含量

鐵質毫克／每 100 公克					
蔬菜含量（毫克）		全穀類含量（毫克）		堅果種子類含量（毫克）	
紅毛苔	62	雪蓮子（小）	9.1	黑芝麻（熟）	10.3
紫菜	56.2	米豆	7.1	山粉圓	10.1
洋菜	19	紅豆	7.1	黑芝麻粉	8.6
壽司海苔	14.1	花豆	7	愛玉子	8.2
紅莧菜	11.8	小麥胚芽	6	玉桂西瓜子	8
野苦瓜嫩梢	8.5	綠豆粉	5.2	花生粉	6.8
山芹菜	7.8	綠豆	5.1	亞麻仁籽	6.7
紅鳳菜	6	生鮮蓮子	5.1	腰果（生）	6.6
裙帶菜	5.4	糙薏仁	4.4	白芝麻（熟）	6.3
野莧菜	4.77	紅扁豆仁	4.2	原味葵瓜子	6
九層塔	4.7	黑麥片	4	松子	5.3
白莧菜	4.6	燕麥	3.8	豆製品	
粉豆莢	3.2	小麥	3.4	黑豆粉	8.1
菠菜	2.9	小米	2.9	黑豆	6.7
蘆筍花	2.5	蕎麥	2.9	黃豆	6.5
甘薯葉	2.5	薏仁	2.7	豆乾絲	6.2
小松菜	2.5	燕麥片	2.3	五香豆乾	5.5
空心菜	2.1	大麥片	2.2	豆腐皮	4.7
甜碗豆莢	2.1	糯小米	2.2	小方豆乾	4.5
稜角絲瓜	1.9	高粱	2.2	黑豆乾	4.1
落葵	1.8	生蓮子	2.2	黃豆粉	3.7
碗豆苗	1.8			毛豆	3.6
小麥苗	1.6	碗豆仁	2.1	豆棗	3.1
草菇	1.6			日式炸豆皮	2.5
蚵仔白菜	1.5	冬粉	1.9	凍豆腐	2.5
				小三角油豆腐	2.5
茼蒿	1.5	五穀米	1.6	百頁豆腐	2.1
				傳統豆腐	2

（資料來源：台灣食品成分資料庫 2016 年新版）

主題 3 高 omega-3 脂肪酸

DHA 是構成腦部組織的主要成分，對於促進腦神經傳遞，增進智力發展，以及眼睛視網膜的形成，都有益處。

素食孩子更易缺嗎？

油脂提供必需脂肪酸，幫助運送脂溶性維生素。大家熟知的 DHA 來源大部分都是魚油，其實素食來源的 DHA 比較不會有重金屬疑慮，透過攝取含「次亞麻油酸」（ALA，即 Omega-3）較高的食物可以在人體轉換成 DHA，例如亞麻仁籽 (油)、紫蘇油、印加果油、芥花油、核桃以 w-6：w-3 比例而言，亞麻仁油約為 1：4；紫蘇油約為 1：3.6；印加果油約為 1：1.4；芥花油約為 2：1；核桃約為 4：1。本書食譜中所用的芥花油可用於烹調，炒菜、油炸；而紫蘇油，亞麻籽油還有印加果油， 因為 w-3 含量比較高，較不耐高溫， 建議可以拌沙拉、生飲，食物起鍋後再淋上，或用於自製堅果醬中，才能真正達到保健的效果。

增加 DHA 吸收的因子

◎ DHA 的來源簡單分為兩種補充方法：

- 攝取植物的 DHA，如素食藻油，由海藻提煉，有機店有販售。
- 透過攝取含「次亞麻油酸」（ALA，即 Omega-3）較高的食物可以在人體轉換成DHA，例如亞麻仁籽（油）、紫蘇油、印加果油、芥花油、核桃等等。

影響 DHA 吸收的因子

大部分植物油的 w-6 脂肪酸的比例都過高，像是大豆油的 w-6：w-3 比例甚至高達 6.4 : 1，玉米油為 50 : 1，葵花油為 70 : 1 。

而當體內的亞油酸（w-6 脂肪酸）及亞麻酸（w-3 脂肪酸）攝取充足而且比例

為 2：1～4：1 時，體內將 ALA 轉換為 DHA 的轉換率較高（ALA 轉換為 DHA 的轉換率約為 4～9%）。因此，增加攝取較高亞麻酸（w-3 脂肪酸）的油脂比例，可以幫助提升轉換吸收率。

〔富含 DHA 的食物〕

亞麻仁籽（油）、紫蘇油、芥花油、核桃、印加果油。

DHA 的參考攝取量

根據行政院衛生署食品藥物管理局「第七版國人膳食營養素參考攝取量」2～6 歲小孩是沒有明確的 DHA 每日營養素建議攝取量。

素食者 DHA 的食物來源與含量

DHA 毫克／每 100 公克			
油脂類			
紫蘇油	50000	亞麻籽油	53440
芥花油	7645	印加果油	48600
核桃	7114		

植物性食物的 w-3 成分大部分為 ALA（ALA 轉換為 DHA 的轉換率約為 4～9%）。

（資料來源：台灣食品成分資料庫 2016 年新版）

主題 4
保護眼睛
葉黃素

葉黃素（lutein）與玉米黃素（zeaxanthin）都是類胡蘿蔔素的家族成員，結構上長得跟 β - 胡蘿蔔素很像，普遍存在於天然的深綠色蔬菜、水果，如菠菜、綠花椰菜等。「葉黃素」和「玉米黃素」在眼睛健康上扮演著完全不一樣的角色。

「胡蘿蔔素」主要在人體內轉化為維生素 A，進行與維生素 A 預防夜盲症一樣的生理作用。而在所有的類胡蘿蔔素裡面只有「葉黃素」和「玉米黃素」能出現在黃斑部上，其主要的作用是抗氧化還有吸收藍光的能量，降低對感光細胞的損害。

素食孩子更易缺嗎？

現今資訊發達、3C 產品充斥於我們的生活四周時，媽媽除了假日多帶孩子去戶外走走外，平常的飲食又該注意什麼呢？孩子平日的飲食，除了均衡攝取各類食物外，也要加入富含葉黃素的食物。

增加葉黃素吸收的因子

◎搭配油脂攝取：

✻ 葉黃素（lutein）與玉米黃素（zeaxanthin）都是類胡蘿蔔素的家族成員，既然為類胡蘿蔔素，其就屬「脂溶性維生素」。「脂溶性維生素」需要有「油脂」才能順利吸收，因此建議，烹調此類食物能加入油脂，或者為一餐中與其他食物共同搭配食用。

◎蔬果是主要來源：

✻ 類胡蘿蔔素是由植物所製造，所以主要的來源會是我們日常的蔬果，也就是說，蔬果是葉黃素和玉米黃素主要來源，而五穀根莖類或魚貝海鮮類等其他類食物含量並不多。

✻ 相較於蔬菜，水果中的葉黃素和玉米黃素含量偏低。葉黃素和玉米黃素含量最高的前三名分別為菠菜、地瓜葉和南瓜。

影響葉黃素吸收的因子

◎避免與大量 β 胡蘿蔔素同時攝取：

根據行政院衛生署食品藥物管理局表示，飲食中若適度地攝食胡蘿蔔素，對於葉黃素的吸收影響並不大，但是若同時服用且攝入大量 β 胡蘿蔔素，會影響葉黃素的吸收。主要是因為，葉黃素和 β 胡蘿蔔，都屬於類胡蘿蔔素，因為在腸胃道的吸收路徑相似，所以可能產生相互競爭的情況。

〔富含葉黃素的食物〕依照常見食物的葉黃素及玉米黃素含量（每 100 公克含量）由高到低排序，分別為菠菜 （12.2 毫克）＞地瓜葉（2.6 毫克）＞南瓜（1.5 毫克）＞綠花椰菜（1.4 毫克）＞胡蘿蔔（0.67 毫克）＞柳丁（0.13 毫克）＞番茄（0.12 毫克）＞高麗菜（0.03 毫克）。

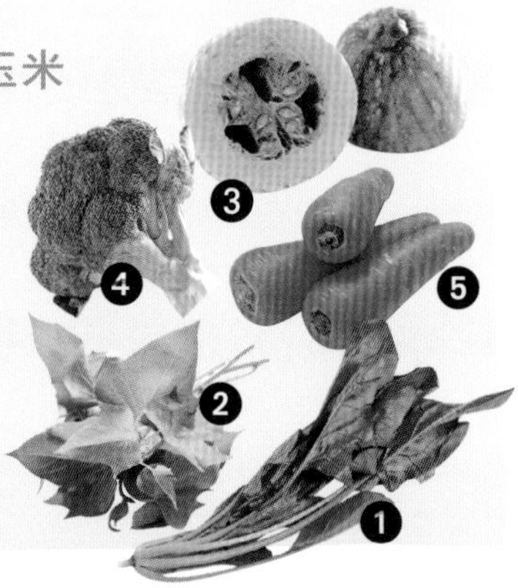

葉黃素 的參考攝取量

根據行政院衛生署食品藥物管理局 2102 年修訂的「國人膳食營養素參考攝取量」中，並沒有葉黃素和玉米黃素的建議攝取量，但近幾年來的研究顯示，每天攝取 10 毫克葉黃素和 2 毫克玉米黃素就可從中獲取健康益處。另外，哈佛大學的研究顯示，每天攝取 6 毫克葉黃素可降低 43％的黃斑退化風險。此外，在美國醫學會雜誌（JAMA；The Journal of the American Medical Association）的研究提到每天攝取 6 ～ 10 毫克對眼睛的健康有幫助。換句話說，在每日蔬果 579 飲食中，選擇 2 ～ 3 份吃富含葉黃素和玉米黃質的食物大概就可滿足身體每日的需求。

素食者葉黃素的食物來源與食量

葉黃素毫克 / 每 100 公克	
全穀類	
青豌豆	2.5 毫克
南瓜	1.5 毫克
玉米	1 毫克
蔬菜類	
菠菜	12.2 毫克
芥藍菜	8.9 毫克
甘藍	8.198 毫克
山茼篙	3.8 毫克
地瓜葉	2.6 毫克
蘿蔓生菜	2.4 毫克
綠花椰菜	1.4 毫克
胡蘿蔔	0.67 毫克
番茄	0.12 毫克
紅甜椒	0.051 毫克
水果類	
柳丁	0.13 毫克
奇異果	0.122 毫克
木瓜	0.089 毫克
芒果	0.023 毫克

（資料來源：SELF NutritionData 網站）

主題 5
提升免疫力
維生素
C・E・B 群
葉酸

維生素 C 和 E 除了是組成人體免疫球蛋白（抗體）的重要營養素外，也是最天然的抗氧化劑，可減少人體自由基對免疫細胞的破壞，並增加抗體的延長作用。B 群和葉酸的代謝是構成細胞主要的營養素，可增加免疫細胞的分化和製造。簡而言之，B 群和葉酸具有促進孩童生長發育及預防感冒的功效。

素食孩子容更易缺乏嗎？

根據 2011 年台灣嬰幼兒體位與營養狀況調查顯示，1 到 6 歲的幼兒普遍有葉酸攝取不足的問題，1 ～ 3 歲未達建議量 2 ／ 3 的人數為 4 成 1；4 ～ 6 歲則高達 7 成 2。另外，1 ～ 6 歲幼兒有大於 1 成的比例維生素 B_1 攝取未達建議量的 2 ／ 3，因此，在本書的食譜單元中會示範。

增加維生素 C、E、B 群、葉酸吸收的因子

◎蔬果是主要來源：

- 維生素 C 主要攝取來源為各類的蔬菜和水果，因此素食者不容易有缺乏的狀況。

◎搭配油脂攝取：

- 維生素 E 為脂溶性維生素，因此熱油烹調能夠增加吸收率，素食者的攝取來源主要為豆類、堅果種子類、奶蛋製品以及部分蔬菜類。

◎從豆類、堅果類補充：

- B 群常見的維生素有 B_2、B_6、B_{12} 等等，廣泛存在各類食物中，素食者從食物中攝取 B 群最重要來源為豆類、堅果類、奶蛋以及部分海帶製品。
- 奶蛋素的素食者比較不會有 B_{12} 的缺乏，但如果是全素的素食者可能需要注意額外補充 B_{12}。

影響維生素 C、E、B 群、葉酸吸收的因子

◎搭配油脂攝取：

＊ 維生素 E 為脂溶性維生素，因此熱油烹調能夠增加吸收率。

◎加熱烹調時間勿持續太久：

＊ 維生素 C、E 及葉酸屬於水溶性維生素，加熱過久容易增加流失，烹調時宜盡量縮短時間保存營養素的含量。

〔富含維生素 C、E、B 群、葉酸的食物〕各類蔬菜和水果、豆類、堅果類、奶蛋以及部分海帶製品。

維生素 C、E、B 群、葉酸 的參考攝取量

- 維生素 C 依據行政院衛生署食品藥物管理局 2012 年修訂的「國人膳食營養素參考攝取量」建議：1 ～ 3 歲和 4 ～ 6 歲的兒童每天攝取 40 毫克和 50 毫克。
- 維生素 E 根據「國人膳食營養素參考攝取量」建議：1 ～ 3 歲和 4 ～ 6 歲的兒童每天攝取 5 毫克和 6 毫克。
- 維生素 B 群根據「國人膳食營養素參考攝取量」建議：B_1 的建議量 1 ～ 3 歲和 4 ～ 6 歲的兒童分別為 0.6 毫克和 0.8 毫克（女性）0.9 毫克（男性）；B_6 的建議量 1 ～ 3 歲和 4 ～ 6 歲的兒童分別為 0.5 毫克和 0.6 毫克；B_{12} 的建議量 0.9 微克和 1.2 微克。
- 葉酸的攝取量，根據「國人膳食營養素參考攝取量」建議：1 ～ 3 歲和 4 ～ 6 歲的兒童每天攝取 170 微克和 200 微克。

素食維生素的食物來源與含量

維生素 C 毫克／每 100 公克			
蔬菜		**水果**	
牛番茄	12.3	奇異果	73
青江菜	28.5	奇異果（金黃）	93
高麗菜	37.2	芒果	23.5
甜椒	137	香蕉	10.5
甜椒（青）	107.5	**全穀根莖類**	
青花椰菜	66.5	地瓜	20
胡蘿蔔	5.4	**豆類**	
老薑	2.1	毛豆仁	22.6

維生素 E 毫克／每 100 公克			
蔬菜		**水果**	
老薑	2.1	奇異果	1.7
青江菜	3.4	奇異果（金黃）	2.2
甜椒	2.1	香蕉	0.3
海帶	1.02	**全穀根莖類**	
油脂類		五穀米	1.9
黑芝麻油	177	南瓜	1.11
腰果	8.7	**豆類**	
橄欖油	18	毛豆仁	2.04
		傳統豆腐	2.8
		凍豆腐	5.0
		豆漿	1.1

葉酸微克／每 100 公克			
蔬菜		油脂類	
乾香菇	290	腰果	88
杏鮑菇	42.4	全穀根莖類	
海帶芽	29.4	五穀米	28.2
老薑	45	南瓜	59.5
青江菜	72.5	水果類	
高麗菜	20	奇異果	30.5
青花菜	55.8	芒果	27.1
胡蘿蔔	16.5	豆類	
黑木耳	47.5	傳統豆腐	35
甜椒	27.6	凍豆腐	29.7
洋菇	24.4	豆漿	13.3

B_6（毫克）／每 100 公克			
蔬菜		油脂類	
牛番茄	0.1	腰果	0.39
乾香菇	0.94		
杏鮑菇	0.23	全穀根莖類	
海帶芽	1.74	五穀米	0.2
老薑	0.1	南瓜	0.3
青江菜	0.13	水果類	
高麗菜	0.17	奇異果	0.14
青花菜	0.13	芒果	0.11
胡蘿蔔	0.15	豆類	
黑木耳	0.7	傳統豆腐	0.02
甜椒	0.15-0.37	凍豆腐	0.05
洋菇	0.12	豆漿	0.04
		毛豆仁	0.14

B_1 毫克／每 100 公克			
蔬菜		油脂類	
牛番茄	0.04	腰果	0.64
乾香菇	0.61		
杏鮑菇	0.18	全穀根莖類	
海帶芽	0.17	五穀米	0.48
老薑	0.02	南瓜	0.07
青江菜	0.04	水果類	
高麗菜	0.03	奇異果	0.01
青花菜	0.08	芒果	0.05
胡蘿蔔	0.04	豆類	
黑木耳	0.08	傳統豆腐	0.08
甜椒	0.05	凍豆腐	0.02
洋菇	0.06	豆漿	0.03
		毛豆仁	0.39

B_{12} 微克／每 100 公克			
蔬菜		奶類	
乾香菇	0.28	全脂鮮乳	0.67
杏鮑菇	0.06	奶油	0.05
海帶芽	5.07	切片乳酪	0.43
黑木耳	0.23	全脂優酪乳	0.29
洋菇	0.09	蛋類	
		雞蛋	0.86
		鴨皮蛋	1.31

主題 6
強化骨質
維生素 D

維生素 D 是一種脂溶性維生素，可幫助血鈣正常濃度、骨骼鈣化、血液凝固、心臟跳動及神經傳導等。若於孩童發生嚴重缺乏會導致頭部、關節和胸腔擴張，髖骨變形和弓形腿等稱之佝僂症（Rickets）。近年來關於維生素 D 的醫學研究顯示，包含慢性發炎等相關疾病扮演重要角色。

素食的孩子更易缺嗎？

對於孩童至青少年階段，著重於正常與健康的骨骼生長。小朋友想要長高？一般家長會認為必須要多補充鈣質，但實際上只補充鈣質無法有效讓身高顯著成長，因此，維生素 D 在這方面就扮演相當重要的角色。由於維生素 D 僅存在於特定食物中，對於素食的孩子而言，食物選擇性更少，除了適度的日曬外，更要注意食物挑選與適當的攝取量。另外，提醒孩童與青少年族群，鈣質同樣要達到適當攝取量，才能讓維生素 D 發揮幫助鈣質吸收、強健骨骼的作用。

維生素 D 的來源

◎皮膚製造：

皮膚內含有 7- 脫氫膽固醇（7-dehydrocholesterol），經過日光的照射（紫外線 UVB）後轉化形成維生素 D_3，人體中約 80 ～ 90%的維生素 D 是從日曬得來，10 ～ 20%是從食物中得來。平時適度日曬可以獲得主要維生素 D 來源，日曬時間為 10：00 ～ 15：00，每次 10 ～ 15 分鐘。

◎植物性食物中維生素 D：

麥角固醇主要存在於酵母與菇類等植物中，經日光照射後除了轉化形成維生素 D_2（麥角鈣醇，Ergocalciferol）外，其含量也會提升。

◎強化食品：於穀類中添加維生素 D 來強化營養。

影響維生素 D 吸收的因子

吃了含有維生素 D 的食物後，其中 80%的維生素 D 於小腸被吸收，藉著乳糜微粒經由淋巴系統運送至肝臟。

◎增加維生素 D 吸收的因子

* 日曬充足（選擇背部或手或腳等處進行有限度曝曬）。一般來說，人體可以藉由日照自行合成維生素 D，因此家中有幼兒的話，非常建議每天至少帶出戶外散步至少 10 ～ 15 分鐘。
* 攝取時需搭配油脂才容易吸收，如菇類用油炒方式烹調、維生素 D 補充劑於飯後馬上服用等。

◎降低維生素 D 吸收的因子：

* 日曬不足（日曬時間、季節、防曬劑使用等）、空氣汙染、肥胖、患有影響脂肪吸收的疾病等。

活性的維生素 D

維生素 D（不論來自皮膚合成或是食物或補充劑）和蛋白質結合，進入循環系統，然後在肝臟和腎臟中形成活性維生素 D，活性維生素 D 會參與體內各種生理作用。

〔富含維生素 D 的食物〕黑木耳、蕈菇類（尤其是經日光或模擬太陽光之脈衝光照射後的蕈菇類）、強化維生素 D 的食品等

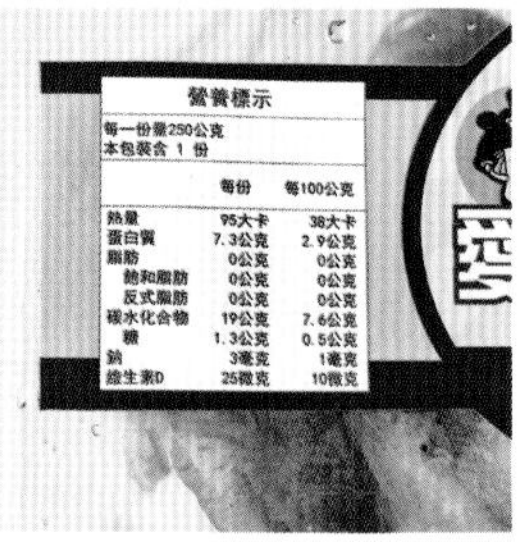

維生素 D 的參考攝取量

根據衛生福利部食品藥物管理署公告第八版的「國人膳食營養素參考攝取量」建議：1 ～ 3 歲幼兒足夠攝取量（Adequate Intakes, AI）為 10 微克／日，4 ～ 6 歲幼兒建議量為 10 微克／日。

- 1μg（微克）維生素 D=40 I.U 維生素 D。在衛生署食品資料庫及大部分的食品成分表中無維生素 D 含量的相關資料，不過仍可以從一些強化維生素 D 的食品參考含量。
- 為了定量食譜中維生素 D 含量，本篇食譜皆選擇市售具維生素 D 含量標示的食材。

注意維生素 D 的毒性

從飲食攝取或日曬都不會導致過量中毒的危險，高劑量的補充劑則容易過量。過量維生素 D 早期有噁心、口渴、尿急、腹瀉等症狀，慢性則會造成肝、腎、心、血管壁與關節等之鈣化而導致功能異常，嚴重將造成死亡。1 ～ 50 歲民眾其上限攝取量（Tolerable Upper Intake Levels, UL）為每人每天 50 微克／日（相當於 2000 IU ／日）。

主題 7
高鋅促進食慾

鋅的功能為調節免疫力，幫助生長發育，維持味覺功能與促進食慾等，而鋅在身體重要酵素的合成中也扮演不可或缺的角色，所以對生長發育中的幼童是非常重要的營養素來源！

素食孩子更易缺鋅嗎？

缺乏鋅的症狀有像是皮膚病變、腹瀉、發育遲緩、味覺改變，或免疫力降低，掉髮等。所以本書中營養師會與大家分享如何從食材中補充足夠的鋅，並以含鋅量較高的食材作為主要的料理原料。

增加鋅吸收的因子

◎改吃全穀類食物

- 最簡單的就是先將白米飯改為五穀飯了！像每 100 公克的全穀雜糧類中，芋頭含有 2.2 公克的鋅，鷹嘴豆含有 2 毫克的鋅，五穀米含有 1.8 毫克的鋅。
- 或是偶爾將主食混著芋頭一起烹煮，不但主食變得香鬆可口，含有豐富的鋅，同時補充了膳食纖維，幫助腸道蠕動！一舉數得！
- 豆莢類食物及堅果，也含有豐富的鋅，10 顆核桃約有 3 毫克的鋅，腰果則是 10 顆則含有 0.9 毫克的鋅。

芋頭混入主食可以補充鋅。

〔富含維生素鋅的食物〕芋頭、鷹嘴豆、五穀米、菠菜、蘑菇、核桃、腰果。

鋅含量較高之食材毫克／每 100 公克			
油脂類		**蔬菜**	
腰果	5.9	鮮香菇	1
核桃	3	菠菜	0.7
全穀類		蘑菇	0.7
芋頭	2.2	**豆製品**	
鷹嘴豆	2	豆腐皮	2.1
糙米（生）	2.1	毛豆	1.7
五穀米（生）	1.8	板豆腐	0.8

鋅 的參考攝取量

參考自「第七版國人膳食營養素參考攝取量」，2～6 歲的小孩「每日營養素建議攝取量」為 5 毫克。

主題 8

把不愛吃的食材變好吃

在門診衛教，詢問孩子的飲食習慣時，很容易會聽到孩子「不喜歡吃青菜」。兒童福利聯盟曾於 2010 年公布台灣兒童偏食情況調查，調查結果顯示，高達 3 成 6 的孩子有偏食，其中 1 ／ 3 的孩子有便秘情況。

許多孩子，都不喜歡甚至排斥「有特殊味道」的食物。經過調查，兒童最討厭的食物以苦瓜居首，其次是茄子、山藥。另外，青椒、西洋芹、紅蘿蔔等，也都是孩子不喜歡的食物。

事實上，調查出來的這些食物，除了孩子，相信許多大人們也都「敬而遠之」，即使知道這些皆為營養豐富的食物，但仍因其「特殊風味」而讓人選擇拒絕，也因此，若媽媽準備含有這些食材的菜餚時，相信一定容易成為讓媽媽們痛的「剩菜王」。

既然這些食物，都為營養價值豐富的食物，那如何讓全家大小都能接受，是媽媽智慧及手藝的考驗！這個主題，就是運用各種巧思與媽媽分享，如何將這些「剩菜王」製作成一家大小，尤其是孩子都能接受的菜餚，將媽媽的用心及食物的營養，都能全吃下去。

媽媽們，就讓我們一起打敗剩菜王吧！

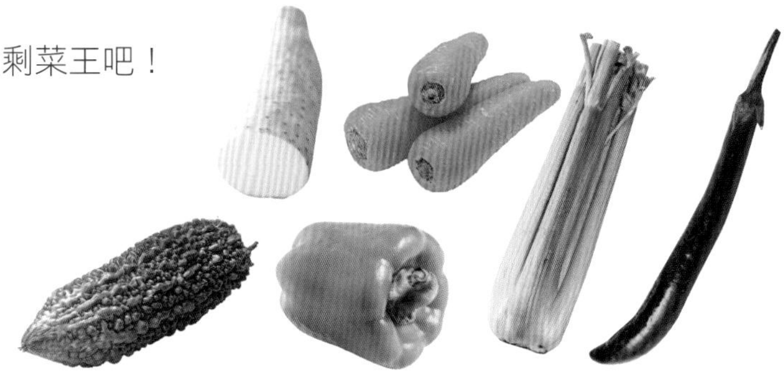

常見孩子不喜歡的食材

主題 9
營養點心

研究顯示，比較不同種類的素食兒童與葷食同儕的生理發展，並沒有顯著差異，可能原因為，素食飲食中含有大量高熱量產品，包括蔬菜油、核果、種子、含油蛋糕等會添加在許多餐中。

我們可藉此推論，素食兒童的熱量攝取大部分是適當的，也因此，素食飲食只要能聰明搭配及選擇，則與葷食孩子的生理發展並無不同。然而，若僅看全素或生食的素食飲食，相較於其他飲食，則有較低的熱量攝取，因此對於全素孩子，適量點心穿插在正餐之間，除可提高熱量攝取，也能補足正餐沒有攝取到的營養。

◎點心攝取重點：

✻ 蛋白質

動物性蛋白質富含所有的必需胺基酸，而在素食產品中，重要的蛋白質來源包括穀類（cereal）及豆科植物（legume），但穀類中離胺酸（lysine）是限制胺基酸，豆科植物中含硫胺基酸是限制胺基酸。

因此替素食孩子選擇點心時，可使用食材搭配的小技巧來讓孩子獲得所有的胺基酸，如參照本書食譜選用穀類製品及豆科植物製作出一道點心，再搭配整日足夠蔬果量，即能攝取到所有胺基酸。另外要提醒的是，在食用不同形式的植物性蛋白質時，務必要在同一天食用（但不需在同一餐），可發揮最佳效果！

✻ 每日點心攝取次數

每個孩子的作息及每日活動量不盡相同，一般而言，2～3 歲孩子的點心建議量，每日食用 2～3 次（本篇點心設計則以每日攝取 2 次點心為例），可穿插在活動前後讓孩子攝取；4～6 歲孩子，因活動量更大，每日建議食用 3 次，以達到足夠熱量攝取。

上菜囉！

Good 營養分析

營養成分	熱量
	262.7 大卡
醣類（公克）	29.9
蛋白質（公克）	19.4
脂肪（公克）	10.1
鈉（毫克）	468
鈣（毫克）	167.1

主題 1
高鈣
（2～3歲）

食譜 1・陽光咖哩

含鈣質食材：凍豆腐
份量：1 人份

食材

凍豆腐 65 公克、紅扁豆 40 公克、番茄 20 公克、杏鮑菇 30 公克、薑末 5 公克（約 1 小匙）、水 400 毫升、植物油 5 公克（1 小匙）

調味料

孜然粉 2 公克（1 / 2 小匙）、薑黃粉 1 公克（1 / 4 小匙）、咖哩粉 1 公克（1 / 4 小匙）、鹽 0.5 公克（1 / 8 小匙）

作法

1. 清洗紅扁豆並泡水 1 小時。
2. 將紅扁豆放入鍋中，加入 400 毫升水、孜然粉 1 / 4 小匙、薑黃粉 1 / 4 小匙和鹽 1 / 8 小匙，蓋上鍋蓋以中火煮約 30 分鐘（依個人喜歡的稠度，視情況酌量再增加水量）。
3. 番茄及杏鮑菇洗淨切小塊。
4. 炒鍋加入植物油，放入孜然粉 1 / 4 小匙以小火炒香至呈現棕色。
5. 加入杏鮑菇拌炒，再放入薑末、咖哩粉 1 / 4 小匙炒香。
6. 加入番茄炒至質地軟化。
7. 放入煮好的紅扁豆糊、凍豆腐拌勻，適量加水調整稠度，加入鹽，繼續以小火煮 10 分鐘。

營養師小叮嚀

對於 4 ～ 6 歲小朋友，紅扁豆使用量改為 60 公克，凍豆腐改為 100 公克，番茄改為 50 公克，杏鮑菇改為 50 公克。

Tips

1. 市售咖哩大多為葷食，準備薑黃粉與咖哩粉即可製作純素咖哩。
2. 扁豆可以事前先浸泡、煮好後放在冰箱冷凍保存，需要料理時取出使用可以縮短烹煮時間。

Good 營養分析

營養成分	熱量
	312.4 大卡
醣類（公克）	45.6
蛋白質（公克）	14.5
脂肪（公克）	8.9
鈉（毫克）	360
鈣（毫克）	208.0

含鈣質食材：小方豆乾、傳統豆腐、高鈣豆漿
份量：2 人份

主題 1
高鈣
（2～3歲）

食譜 2・蔬菜多多大阪燒

食材

1. **麵糊：**高麗菜 70 公克、綠豆芽 20 公克、紅蘿蔔 15 公克、中筋麵粉 80 公克、山藥泥 30 公克（約 2 大匙）、小方豆乾 20 公克
2. 植物油 5 毫升（1 小匙）
3. **豆腐美乃滋：**傳統豆腐 120 公克、高鈣豆漿 30 毫升、柳橙汁 7～8 毫升（1 / 2 大匙）
4. 海苔 1 片（每張 19×20 公分，3 公克）

調味料

麵糊調味料：黑胡椒 3 公克（1 小匙）、砂糖 10 公克（2 小匙）

作法

1. 高麗菜、紅蘿蔔、綠豆芽洗淨，高麗菜、紅蘿蔔切絲；山藥去皮以果汁機打成泥；小方豆乾切絲、炒熟。
2. 麵粉過篩後加入水 100 毫升拌勻，接著放入麵糊調味料、山藥泥、高麗菜絲、紅蘿蔔絲、綠豆芽、豆乾絲拌勻。
3. 熱鍋後轉小火，加入植物油，接著放入蔬菜麵糊，以湯匙塑成圓形，蓋上鍋蓋以小火煎 4 至 5 分鐘。
4. **製作豆腐美乃滋：**傳統豆腐燙熟。將所有食材全丟進果汁機，高速攪打 1 分鐘直到柔滑綿密。
5. 縱橫淋上豆腐美乃滋及醬油膏，最後放上海苔（剪成細條狀）即可。

Tips

1. 多數製作大阪燒的麵糊會加入蛋黃，蔬菜多多大阪燒為純素食譜，因此使用山藥泥來增加麵糊滑嫩口感。
2. 豆腐美乃滋淋在大阪燒後，剩餘量可以加入水果或果醬直接食用；如果製備量較多可以放在保鮮盒內，冰箱冷藏約可保存 4 至 5 天，加入即食穀物、水果等食用，或作為吐司、麵包抹醬。

營養師小叮嚀

1. 對於 2～3 歲小朋友，蔬菜多多大阪燒吃半片。對於 4～6 歲小朋友，蔬菜多多大阪燒需要吃 3 / 4 片。
2. 豆腐美乃滋為 2 人份，將其取出一半量作為食用量，除了淋在大阪燒上外，剩餘的量可以直接食用完畢。

Good 營養分析

營養成分	熱量
	308.3 大卡
醣類（公克）	40.5
蛋白質（公克）	15.5
脂肪（公克）	9.9
鈉（毫克）	424
鈣（毫克）	254.8

主題 1
高鈣
（2～3 歲）

食譜 3．香濃菇菇麵

含鈣質食材：高鈣豆漿、傳統豆腐
份量：1 人份

食材

義大利麵 40 公克、蘑菇 50 公克（約 8 朵）、高鈣豆漿 200 毫升、傳統豆腐 20 公克、巴西里少許、橄欖油 5 毫升（1 小匙）

調味料

醬油 15 毫升（1 大匙）、鹽 1 公克（1 / 4 小匙）、黑胡椒少許

作法

1. 鍋中加入橄欖油拌炒蘑菇，炒熟備用。
2. 煮熱水，水滾後放入義大利麵約煮 12 分鐘（視品牌建議調整），瀝乾備用。
3. 將 100 毫升高鈣豆漿及傳統豆腐倒入果汁機，高速攪打 30 至 60 秒直到綿細柔滑，加入 1 / 3 炒好的蘑菇，瞬轉數次打碎，質地呈現顆粒狀。
4. 將作法❸的蘑菇泥倒入鍋中，再加入 100 毫升高鈣豆漿、調味料及巴西里，煮滾後轉成小火，燉煮約 5 分鐘，不時攪拌直到漿汁變濃。
5. 將義大利麵拌入蘑菇醬汁，並放入剩下 2 / 3 蘑菇攪拌均勻盛盤。

Tips

新鮮蘑菇色澤雪白，可是接觸空氣久了容易氧化變黑褐色，影響視覺美觀，清洗時注意用水沖洗，不要用手搓洗，洗完後放入冷水中，要煮時才取出；或放入熱水中，加入 1 小匙鹽，煮約 1 至 2 分鐘，撈起放入冷開水降溫，裝入保鮮盒內，然後放在冰箱冷藏保存。

營養師小叮嚀

對於 4～6 歲小朋友，義大利麵使用量改為 60 公克，高鈣豆漿改為 220 毫升，傳統豆腐改為 40 公克。

營養分析

營養成分	熱量
	336.7 大卡
醣類（公克）	38.2
蛋白質（公克）	16.9
脂肪（公克）	13.4
鈉（毫克）	385
鈣（毫克）	331.4

主題 1
高鈣
（2～3 歲）

食譜 4・花生香豆彩蔬青醬麵

含鈣質食材：小方豆乾、九層塔
份量：1 人份

食材

義大利麵 40 公克、小方豆乾 40 公克、香菇 50 公克、彩椒 10 公克、植物油 5 毫升（1 小匙）

調味料

1. 鹽 1 公克（1 / 4 小匙）、黑胡椒少許
2. **2 人份青醬：**九層塔 50 公克、薑末 2 公克（約 1 小匙）、花生醬 15 公克（約 1 大匙）、黑胡椒 1 公克（約 1 / 2 小匙）、味噌 5 公克（約 1 小匙）、橄欖油 5 毫升（1 小匙）、白開水 150 毫升

作法

1. 香菇、彩椒洗淨，九層塔以冷開水洗淨；小方豆乾及香菇切丁；彩椒切小丁，燙熟備用。
2. 炒鍋中放入 1 小匙植物油，加入香菇丁、小方豆乾丁炒香，加入調味料 ❶ 調味。
3. 煮熱水，放入義大利麵約煮 12 分鐘（視品牌建議調整），瀝乾放在餐盤備用。
4. **製作青醬：**把九層塔、薑末、花生醬、味噌、橄欖油、白開水放進果汁機，高速攪打 30 至 60 秒直至均勻混合，最後加入黑胡椒調味打勻。
5. 炒鍋中先放入青醬及義大利麵拌炒，接著加入已炒香的香菇丁與小方豆乾丁拌炒，最後加上彩椒丁即可。

Tips

1. 一般製作青醬時會用松子，但是松子的價格昂貴，使用花生醬取代之，另外使用薑取代青醬中的蒜、 洋蔥等香氣食材。
2. 買回來的九層塔，可以用紙巾包裹起來，裝入保鮮袋，放入冰箱冷藏儲存。
3. 味噌味道甘醇可以柔和青醬中九層塔的味道。
4. 果汁機的款式及容量會影響青醬製備量，可視果汁機條件與用餐人數，等比例調整製備量。

營養師小叮嚀

青醬為 2 人份，只要取出 1 / 2 量加入義大利麵拌炒即可。對於 4～6 歲小朋友，義大利麵使用量改為 60 公克，小方豆乾改為 60 公克，香菇改為 70 公克。

營養分析

營養成分	熱量
	337.7 大卡
醣類（公克）	33.4
蛋白質（公克）	14.2
脂肪（公克）	17.7
鈉（毫克）	639
鈣（毫克）	219.8

主題 1
高鈣
（2～3歲）

食譜 5．烏金蕎麥麵

含鈣質食材：五香豆乾、青江菜、黑芝麻
份量：1 人份

食材

蕎麥麵 40 公克、五香豆乾 35 公克、青江菜 50 公克、植物油 2.5 毫升（1 / 2 小匙）

調味料

5 人份麻醬材料：黑芝麻 20 公克（約 3.5 大匙）、白芝麻 20 公克（約 3 大匙）、花生醬 5 公克（約 1 小匙）、植物油 30 毫升（2 大匙）、醬油 15 毫升（1 大匙）、烏醋 7～8 毫升（1 / 2 大匙）、熱水 30 毫升（2 大匙）

作法

1. 五香豆乾切丁；青江菜洗淨切小段，燙熟備用。
2. 鍋中放入 1 / 2 小匙植物油，加入五香豆乾炒香備用。
3. 煮熱水，水滾後放入蕎麥麵約煮 5 分鐘，瀝乾備用。
4. **製作麻醬：**鍋中倒入 20 毫升植物油，加入芝麻拌炒，接著倒入果汁機攪打至細小顆粒或無顆粒狀；再加入 10 毫升植物油、花生醬、醬油、烏醋、熱水，繼續攪打 30 秒直至均勻混合。
5. 將麻醬拌入蕎麥麵，加上炒香的五香豆乾、燙熟的青江菜即可。

Tips

1. 一般製作麻醬時會使用白芝麻，為了提高鈣含量，食譜中使用黑芝麻混搭成為雙色芝麻。
2. 芝麻先用油炒過會提升芝麻的香氣，然後再放入果汁機中攪打。
3. 果汁機的款式及容量會影響麻醬製備量，可視果汁機條件與用餐人數，等比例調整製備量。

營養師小叮嚀

麻醬為 5 人份，只要取出 1 / 5 量拌入蕎麥麵即可。對於 4～6 歲小朋友，蕎麥麵使用量改為 60 公克，五香豆乾改為 50 公克，青江菜改為 100 公克。

主題 2 高鐵（2～3歲）

食譜1・雙色捲捲飯 蘿蔔味噌湯

營養分析

營養成分	熱量
	326.1 大卡
醣類（公克）	47.3
蛋白質（公克）	16.2
脂肪（公克）	9.6
鈉（毫克）	333
鐵（毫克）	4.6

營養師小叮嚀

1. 2～3歲小朋友吃1條捲捲飯並搭配1碗蘿蔔味噌湯可以滿足營養需求；4～6歲小朋友則須吃1.5條雙色捲捲飯，蘿蔔味噌湯中的豆腐使用量為210公克（約2/3盒）。
2. 蘿蔔味噌湯中含豐富的蛋白質豆腐，也可改用生豆包取代。先將生豆包煮/濾過，然後包在捲捲飯中，增加變化。2～3歲小朋友生豆包用量為30公克，4～6歲小朋友則為45公克。

含鐵質食材：紅扁豆  海苔和海帶芽

雙色捲捲飯｜份量：3 人份（圖片為 1 人份量）｜

食材

紅扁豆 30 公克（約 2 大匙）、細蘆筍 150 公克（15 條）、米飯 240 公克（約 1.5 碗）、海苔 3 片（每張 19×20 公分，3 公克）、芝麻油 15 毫升（1 大匙）

調味料

味噌 15 公克（約 1 大匙）

作法

1. 細蘆筍稍微去除老皮後放入滾水中燙熟備用。
2. 紅扁豆用熱水煮熟撈起，加入味噌和芝麻油一起攪拌均勻。
3. 取出海苔一片，置於壽司竹簾上，鋪上半碗白米飯。
4. 接著在白米飯鋪上紅扁豆與 5 條細蘆筍，捲起即可。

Tips

1. 1／2 碗飯可以製作 1 條壽司，米飯 1.5 碗共可製作 3 條壽司。
2. 紅扁豆煮較長的時間會呈現糊狀，適合做成直接食用的料理，也可以加入米飯烹煮或加入咖哩、蔬菜湯中增加甜度及稠度。
3. 食譜中富含鐵質的主角為紅扁豆、海苔和海帶芽，都是方便、乾燥易保存的食材，可以常備於家中。

蘿蔔味噌湯｜份量：1 人份｜

食材

白蘿蔔 10 公克、海帶芽 2 公克（約 1 大匙）、中型香菇 15 公克（約 1 朵）、芹菜 5 公克（約 1 大匙）、嫩豆腐 140 公克（約半盒）

調味料

味噌 15 公克（約 1 大匙）

作法

1. 海帶芽泡水 5 分鐘，洗淨、瀝乾備用。
2. 白蘿蔔削去厚皮、切丁；香菇切丁，芹菜切末、嫩豆腐切丁備用。
3. 冷水中放入白蘿蔔丁，煮至略為透明後加入香菇丁。接著加入海帶芽、豆腐丁。
4. 味噌加入滾水拌勻後加入鍋中輕輕攪拌，最後放入芹菜末即可。

Tips

1. 味噌湯是非常方便的湯品，可以加入菇類或蔬菜等食材增加豐富性，也可以加入麵條變身為味噌拉麵。
2. 味噌加熱過久，香味流失，只剩鹹味，請於烹調最後階段再加入。

主題 2
高鐵
（2～3歲）

食譜2・迷迭香鷹嘴豆佐飯

營養分析

營養成分	熱量
	286.4 大卡
醣類（公克）	44.2
蛋白質（公克）	11.7
脂肪（公克）	11.0
鈉（毫克）	476
鐵（毫克）	4.2

營養師小叮嚀

關於飯量，2～3歲小朋友為1/4碗，4～6歲小朋友為半碗。另外，對於4～6歲小朋友，生豆包改為45公克。

含鐵質食材：鷹嘴豆  生豆包

份量：1 人份

食材

鷹嘴豆（雪蓮子）20 公克、番茄 50 公克、杏鮑菇 10 公克、番茄汁 50 毫升、無糖豆漿 15 毫升、生豆包 30 公克、油菜 10 公克、植物油 7.5 毫升（1 / 2 大匙）、水 150 毫升、白飯 50 公克（1 / 4 碗）

調味料

砂糖 5 公克（1 小匙）、鹽 1 公克（1 / 4 小匙）、適量迷迭香

作法

1. 煮水，沸騰後加入鷹嘴豆煮約 30 分鐘，備用。
2. 番茄、杏鮑菇洗淨後切小塊、生豆包切條狀。油菜花洗淨切小段。
3. 炒鍋中加入植物油，放入切小塊的杏鮑菇快炒至金黃色，接著加入番茄塊，炒熟。油菜燙熟備用。
4. 湯鍋放入番茄汁、無糖豆漿、糖、鹽及水 150 毫升，烹煮至糖融化。
5. 接著加入鷹嘴豆、杏鮑菇、番茄與生豆包煮約 5 分鐘。
6. 盛裝白飯 50 公克（1 / 4 碗），加上作法 ❺ 及油菜，撒上適量迷迭香即可。

Tips

1. 鷹嘴豆適合製作湯品料理、沙拉、沾醬或抹醬等，料理變化性高。
2. 鷹嘴豆於烹調的前一晚加水浸泡，並放置於冰箱，可以減少烹調時間並讓食物有更好的味道與口感；可以一次煮多一些，然後放在冰箱冷凍保存，要吃的時候，取出復熱即可食用。

主題 2
高鐵
（2～3歲）

食譜3・番茄米豆飯套餐

營養分析	
營養成分	熱量 334.1 大卡
醣類（公克）	34.8
蛋白質（公克）	16.1
脂肪（公克）	16.5
鈉（毫克）	431
鐵（毫克）	4.3

營養師小叮嚀

1. 米豆營養成分豐富，含易消化、吸收的蛋白質，其鐵質、鈣質等含量高，煮飯、煮粥、與其他食材一起燉煮等，為變化性高的食材。
2. 番茄米豆飯食用量，2～3歲小朋友為半碗，4～6歲小朋友為8分滿。對於4～6歲小朋友，豆腐泥拌小松菜中生豆包改為40公克，小松菜改為80公克。

含鐵質食材：米豆  生豆包、小松菜、黑芝麻

番茄米豆飯｜份量：5 碗｜

食材

胚芽米 280 公克（約 2 杯）、米豆 120 公克（約 1 杯）、番茄約 120～150 公克（1 顆）、黑芝麻 12 公克（約 2 大匙）

作法

1. 在番茄底部上劃十字，浸泡於滾水約 2 分鐘後，撈起置於冷水中去除表皮。
2. 將番茄、米豆、黑芝麻與胚芽米放入電子鍋烹煮（水量為電子鍋刻度 3，或視個人喜好口感為 3 ～ 3.5 杯水）。

Tips

1. 米豆於烹調的前一晚加水浸泡，然後放置於冰箱，可以減少烹調時間並讓食物有更好的味道與口感。
2. 底部切十字的杏鮑菇容易入味，可以一次煮多一些，然後放在冰箱冷凍保存，要吃時候，取出復熱即可食用。

薑糖杏鮑菇｜份量：1 人份｜

食材

杏鮑菇 20 公克、水 200 毫升

調味料

薑蔗糖 10 公克

作法

1. 杏鮑菇切圓片，底部切十字刀，放入滾水中氽燙。
2. 薑蔗糖與 100 毫升冷水混合，開小火，讓糖水融化並煮到起泡。
3. 約 3 分鐘後，用木湯匙攪拌，慢慢倒入 100 毫升熱水，再放入杏鮑菇。
4. 以小火煮至糖汁收乾。

豆腐泥拌小松菜｜份量：1 人份｜

食材

小松菜 40 公克（日本油菜）、傳統豆腐 20 公克（約 5.5×3×1.5 公分大小）、生豆包 25 公克（半片）、芝麻油 5 公克（1 小匙）、水 100 毫升

調味料

醬油 15 毫升（1 大匙）、味醂 15 毫升（1 大匙）

作法

1. 小松菜洗淨、切小段，生豆包切條狀。
2. 分別將小松菜與豆腐放入滾水中燙熟。
3. 生豆包加入味醂、醬油和水 100 毫升，小火滷 7 分鐘入味。
4. 豆腐壓出多餘水分，搗成泥，拌入芝麻油。
5. 將小松菜、豆包與豆腐泥拌在一起即可。

主題 2
高鐵
（2～3歲）

食譜4．昆布什蔬拌飯

Good 營養分析

營養成分	熱量
	256.9 大卡
醣類（公克）	33.3
蛋白質（公克）	14.0
脂肪（公克）	8.7
鈉（毫克）	451
鐵（毫克）	3.0

營養師小叮嚀

關於飯量，2～3歲小朋友為半碗，4～6歲小朋友為8分滿。另外，對於4～6歲小朋友，高麗豆皮湯中生豆包改為45公克（或乾豆皮15公克）。

含鐵質食材：紅豆、生豆包
昆布、粉豆莢

昆布什蔬拌飯｜份量：5 碗｜

食材

1. 胚芽米 280 公克（2 杯）、薏仁 60 公克（半杯）、紅豆 60 公克（半杯）
2. 粉豆莢 30 公克（約 3 根）、秋葵 50 公克（約 4 根）、鴻喜菇 125 公克、紅蘿蔔 20 公克、乾昆布 5 公克、植物油 30 毫升（2 大匙）、水 500 ～ 800 毫升

調味料

日式醬油 30 毫升（2 大匙）、味醂 15 毫升（1 大匙）

作法

1. 飯鍋中加入洗淨的胚芽米、浸泡的紅豆、薏仁進行烹煮，水量為電子鍋刻度 3，或視個人喜好口感為 3 ～ 3.5 杯水。
2. 昆布放入 500 ～ 800 毫升的水，以中火煮開，再轉小火煮 5 分鐘，取出昆布切絲。
3. 粉豆莢、秋葵及紅蘿蔔洗淨；粉豆莢切小段、秋葵切圓片、紅蘿蔔切丁（或切厚片壓花或壓可愛圖案）。
4. 炒鍋加入植物油，放入紅蘿蔔、鴻喜菇炒香；再加入昆布、粉豆莢，以小火拌炒；加入日式醬油、味醂調味，最後加入秋葵拌炒；取 1 / 6 與半碗飯，拌勻即可。

Tips

1. 紅豆、薏仁於烹調的前一晚加水浸泡，然後放置於冰箱，可以減少烹調時間並讓食物有更好的味道與口感。
2. 昆布於曬乾的過程會滲出白色粉狀的「甘露醇」，使用前只需用濕布輕輕擦拭洗即可，不必刻意去除，以免鮮甜味流失。
3. 煮好的昆布湯裝入保鮮盒裡，然後放在冰箱冷藏，約可保存一週。

蔬菜豆皮湯｜份量：1 人份｜

食材

生豆包 30 公克（約半片）、高麗菜 15 公克、新鮮木耳 5 公克、昆布高湯 250 毫升（製作昆布什蔬拌飯的昆布湯）

調味料

鹽 0.5 公克（1 / 4 小匙量匙之一半用量）

作法

高麗菜洗淨、瀝乾後切小片；木耳洗淨、切小片；豆包切條狀；放入昆布湯中煮熟，加入調味料即可。

Tips

豆皮有分生豆包與乾豆皮，選用健康非油炸的乾豆皮，烹煮後會呈現細緻口感並散發天然豆香味，是方便又美味食材，家中可以常備，乾豆皮使用量為 10 公克。

主題 2
高鐵
（2～3歲）

食譜5・紅扁豆燕麥飯套餐

Good 營養分析

營養成分	熱量
	282.5 大卡
醣類（公克）	35.7
蛋白質（公克）	13.6
脂肪（公克）	10.6
鈉（毫克）	455
鐵（毫克）	3.3

營養師小叮嚀

1. 紅扁豆含豐富B群、C、鐵等，可緩和眼部疲勞、對發炎傷口有消炎的作用。
2. 關於飯量，2～3歲小朋友為半碗，4～6歲小朋友為8分滿。另外，4～6歲小朋友，米豆豆皮煮中牛蒡改為20公克、生豆包改為45公克。
3. 香椿醬可以增加蔬菜風味，因其具特殊香氣與風味，如果小朋友接受度不高，也可以改為清炒蔬菜。

含鐵質食材：米豆  生豆包、紅扁豆  黑芝麻

紅扁豆燕麥飯 | 份量：2.5 碗 |

食材

白米 140 公克（約 1 杯）、紅扁豆 20 公克（約 1 / 8 杯）、麥片 10 公克、紅藜麥 3 公克、黑芝麻 5 公克（約 1 大匙）

作法

1. 白米、紅扁豆、紅藜麥洗淨。
2. 電鍋放入白米、紅扁豆、紅藜麥、麥片、黑芝麻烹煮。水量為電子鍋刻度 1～2 中間，或視個人喜好口感為 1～1.5 杯水。

Tips

1. 牛蒡皮很薄，利用刀背即可刮除，牛蒡切開後容易氧化變黑，需要立刻泡水。
2. 可以將牛蒡煮熟後裝入保鮮盒內，再放入冰箱冷凍保存，如此不但能延長保存期限，烹調時也只需解凍即可使用，非常快速方便。

米豆豆皮煮 | 份量：1 人份 |

食材

牛蒡 10 公克、生豆包 30 公克（約半片）、紅蘿蔔 5 公克、米豆 5 公克、昆布高湯 200 毫升、植物油 5 毫升（1 小匙）

調味料

鹽 1 公克（1 / 4 小匙）、醬油 5 毫升（1 小匙）、味醂 5 毫升（1 小匙）、砂糖 2 公克（約 1 / 2 小匙）

作法

1. 泡水 2 小時的米豆，以沸水煮軟備用。
2. 牛蒡洗淨去皮切絲，紅蘿蔔洗淨切絲，豆包切小條。
3. 炒鍋加入植物油，放作法 ❷ 拌炒。
4. 放入米豆，加入昆布高湯、調味料，以小火燜煮 10 分鐘。

香椿油菜 | 份量：1 人份 |

食材

油菜 30 公克

調味料

香椿醬 2.5 公克（約 1 / 2 小匙）

作法

1. 油菜洗淨切小段，放入沸水中煮熟後撈起。
2. 加入香椿醬拌勻。

營養分析

營養成分	熱量
	299 大卡
醣類（公克）	39.9
蛋白質（公克）	13.2
脂肪（公克）	8.1
鈉（毫克）	937
W -3（毫克）	1438

主題 3
高 omega-3
脂肪酸
（2～3 歲）

食譜 1．日式煨烏龍麵

含 DHA 食材：紫蘇油　芥花油
份量：1 人份

食材

1. 烏龍麵 105 公克、豆皮 30 公克切絲（約 1 片）、四季豆 15 公克、小黃瓜 15 公克、鴻禧菇 40 公克、芥花油 3.5 公克、紫蘇油 2 公克、海苔絲適量、水 50～100 毫克
2. **山藥紅蘿蔔醬汁：**山藥 20 公克、紅蘿蔔 30 公克、水 100 公克

調味料

醬油 1／2 茶匙、鹽適量

作法

1. **製作山藥紅蘿蔔醬汁：**山藥洗淨去皮切塊，紅蘿蔔洗淨切塊，加水 100 公克放入果汁機打成汁備用。
2. 豆皮切絲，四季豆洗淨切小段，小黃瓜洗淨切絲，鴻禧菇切除蒂頭。
3. 炒鍋中加入芥花油，加入豆皮絲、四季豆小段、小黃瓜絲及鴻禧菇炒香，加入醬油拌炒後加入烏龍麵。
4. 將山藥紅蘿蔔醬汁倒入，加水 50～100 毫克一同煨煮。
5. 將麵煮至適口軟硬度調味後即可起鍋，待涼後淋上紫蘇油及海苔絲即可。

Tips

煨是指將食材放進燒滾的湯中以中火慢慢煮熟，目的是令食材煮軟和吸收湯汁的精華！是要很有耐心也很重要的一個步驟唷！

營養師小叮嚀

1. 若作為午晚餐餐後可搭配食用一個拳頭大小的當季水果，作為一份水果補充。
2. 4～6 歲的小朋友，午餐全穀根莖類需增加為 3 份，烏龍麵量應增加為 165 公克（1.5 碗）。另外，4～6 歲小朋友，午餐豆製品需增加為 1.5 份，建議豆皮可使用至 45 公克（約 1 片半）。

Good 營養分析

營養成分	熱量
	315 大卡
醣類（公克）	43
蛋白質（公克）	10.2
脂肪（公克）	8.9
鈉（毫克）	515
W -3（毫克）	1706

主題 3
高 omega-3
脂肪酸
（2～3歲）

食譜 2・豆腐菇菇燴飯

含 DHA 食材：紫蘇油  芥花油 

份量：1 人份

食材

紫米飯 80 公克、傳統豆腐 80 公克、紅椒 20 公克、鴻禧菇 40 公克、青江菜 20 公克、黑木耳 20 公克、玉米粉 2 公克、芥花油 3 公克、紫蘇油 2 公克

調味料

1. 水 100 毫升、醬油 10 毫升、味霖 10 毫升
2. **勾芡水**：玉米粉、水 40 公克

作法

1. 傳統豆腐洗淨切小丁。
2. 紅椒洗淨切丁，青江菜洗淨切絲，黑木耳洗淨切絲，鴻禧菇切除蒂頭。
3. 於不沾鍋塗上少許芥花油，放入豆腐丁煎至上色，再加入作法 ❷ 拌炒，加調味料 ❶ 煨煮入味。
4. 煮至接近收汁時，將勾芡水倒入豆腐丼，湯汁收到稠狀，適量調味後即可淋在飯上。
5. 最後可淋上 2 公克紫蘇油即可。

營養師小叮嚀

1. 若作為午晚餐餐後可搭配食用一個拳頭大小的當季水果，作為一份水果補充。
2. 關於飯量，2 ～ 3 歲小朋友為半碗，4 ～ 6歲小朋友為8分滿。另外，4 ～ 6 歲小朋友，午餐豆製品需增加為 1.5 份，建議傳統豆腐可使用至 120 公克。

Tips

勾芡的玉米粉可先用少量水化開後再加入料理，直接倒入料理裡會結塊唷！

Good 營養分析

營養成分	熱量
	298 大卡
醣類（公克）	36.9
蛋白質（公克）	13.3
脂肪（公克）	11.4
鈉（毫克）	457
W -3（毫克）	993

主題 3
高 omega-3
脂肪酸
（2～3歲）

食譜 3・手作香煎米漢堡

含 DHA 食材：芥花油、核桃
份量：1 人份

食材

1. **米漢堡：**糙米飯 80 公克、核桃 7 公克（2 顆）
2. 蘿蔓生菜 10 公克、小黃瓜片 20 公克、牛番茄 20 公克、杏鮑菇或蘑菇 40 公克、豆皮 30 公克（1 片）、芥花油 8 公克

調味料

醬油 2 公克

作法

1. **製作米漢堡：**核桃稍微烤後切碎。米飯煮熟放涼後加入核桃細碎，用油紙或烘焙紙包覆揉至有黏性，抓適量大小分成兩份，揉成圓球狀後，放入碗中壓平，做成米漢堡造型。
2. 不沾鍋塗上少許油，於米漢堡兩面塗上適量醬油，煎至上色即為米漢堡皮。
3. 豆皮及菇類加少許油、醬油煎熟，蘿蔓生菜淨切小片、小黃瓜淨切片，牛番茄洗淨切片。
4. 將米漢堡夾上其他食材即完成。

Tips

1. 核桃不易切時可用刀背輕敲。
2. 米漢堡料理簡單方便，可冷凍保存，但食用前務必充分加熱殺菌。
3. 生菜份量若較大不好夾入漢堡內，可汆燙減少體積。

營養師小叮嚀

1. 作為午晚餐餐後可搭配食用一個拳頭大小的當季水果，作為一份水果補充。
2. 關於飯量， 2～3歲小朋友為半碗，4～6歲小朋友為8分滿。另外，4～6歲的小朋友，午餐豆製品需增加為1.5份，建議另補充一杯190公克左無糖豆漿。
3. 若為4～6歲小朋友的午晚餐，可將一份當餐水果及無糖豆漿以果汁機攪打，即為天然好喝果昔！

主題3
高omega-3脂肪酸
（2～3歲）

食譜4・元氣壽司套餐

營養分析

營養成分	熱量
	264.0 大卡
醣類（公克）	37.8
蛋白質（公克）	11.2
脂肪（公克）	8.6
鈉（毫克）	681
W -3（毫克）	1736

營養師小叮嚀

1. 若作為午晚餐餐後可搭配食用一個拳頭大小的當季水果，作為一份水果補充。
2. 關於飯量，2～3歲小朋友為半碗，4～6歲小朋友為8分滿。4～6歲的小朋友，午餐豆製品需增加為1.5份，建議可將豆皮使用至1片，約30公克。

含 DHA 食材：芥花油、紫蘇油

DIY 元氣壽司 | 1 人份 |

食材

糙米飯 80 公克、紅蘿蔔 30 公克、黑木耳 30 公克、小黃瓜 30 公克、生豆皮 15 公克（約半片）、海苔片 2 公克（1 張）、芥花油 2 公克

調味料

醬油 1 / 4 小匙

作法

1. 紅蘿蔔、黑木耳、小黃瓜洗淨利切細絲或末。
2. 用少許油塗抹於不沾鍋，將豆皮小火乾煎至熟後切絲，加入蔬菜絲及少許醬油後一起拌炒。
3. 將保鮮膜鋪平，上面放置一片海苔，將飯平鋪於海苔上，上下各留 1 公分間距。
4. 於飯上一層層鋪上蔬菜絲及豆皮絲，利用保鮮膜將壽司捲起。
5. 連同保鮮膜一起切片，食用時剝掉保鮮膜即可。

Tips

1. 蔬菜類的紅蘿蔔與小黃瓜生食或炒熟皆可，生食要室溫下 2 小時內食用完畢，冷藏則 2 天內盡快食用。
2. 壽司料理適合野餐食用，若有需要可於飯中拌少許醋增加風味，以及增加食物保存時間，但不建議隔餐食用。

海味海芽豆腐湯 | 1 人份 |

食材

嫩豆腐 40 公克（約 1 / 8 盒）、海帶芽 1 公克、紫蘇油 3 公克

調味料

鹽 1 公克

作法

1. 豆腐切小塊，海帶芽稍清洗。
2. 取一鍋，加入適量水，水滾後加入豆腐及海帶芽。
3. 再一次煮滾後撒上少許海鹽調味，起鍋後待湯溫度稍降，淋上紫蘇油即可。

主題 3
高 omega-3 脂肪酸
（2～3 歲）

食譜 5・日式全家福暖心套餐

營養分析

營養成分	熱量
	286 大卡
醣類（公克）	41.4
蛋白質（公克）	10.2
脂肪（公克）	7.7
鈉（毫克）	907
W -3（毫克）	1597

營養師小叮嚀

1. 午晚餐後可補充一份水果（1 個拳頭大小）作為天然維生素及礦物質的補充。
2. 關於食量，4～6 歲的小朋友，午餐全穀根莖類需增加為 3 份，冬粉量應增加為 30 公克（七分滿）。豆製品需增加為 1.5 份，可將南瓜濃湯的水改為 190 公克無糖豆漿拌煮。
3. 此道是適合全家大小一同食用的套餐，等比例放大 1.5～2 倍，成人食用也非常美味唷！

含 DHA 食材：紫蘇油 芥花油

南瓜濃湯｜1 人份｜

食材

南瓜 70 公克、馬鈴薯 20 公克、蘑菇 15 公克、水 120 毫升、紫蘇油 2 公克、鹽少許

作法

1. 蘑菇稍沖洗後切片。南瓜洗淨，連皮、籽、囊切塊；馬鈴薯洗淨連皮切丁；將南瓜及馬鈴薯放入鍋中蒸熟。
2. 取一平底鍋，小火不加油，煎香蘑菇片。
3. 將蒸熟的南瓜與馬鈴薯，加 120 毫升的水用果汁機打碎。
4. 將南瓜馬鈴薯濃湯倒入鍋中攪拌，再加入蘑菇片及少許鹽煮沸，最後淋上紫蘇油即可。

Tips

1. 南瓜濃湯將食材蒸熟炒香後，可使用果汁機或食物調理機（調理棒），將食物拌勻。
2. 南瓜濃湯可分裝放入冷凍保存 1 ～ 2 週，需要時解凍加熱即可食用。

番茄炒豆腐｜1 人份｜

食材

牛番茄 35 公克、嫩豆腐 140 公克、四季豆 5 公克、鹽 0.5 茶匙、芥花油 2 公克

作法

1. 牛番茄洗淨切丁，四季豆洗淨切末，嫩豆腐切丁。
2. 鍋中加入少許芥花油，加入牛番茄炒至軟爛，再加入豆腐丁煨煮一下。
3. 最後灑上少量四季豆末或青色蔬菜拌炒配色，加入鹽調味即可。

炒冬粉｜1 人份｜

食材

黑木耳 20 公克、紅蘿蔔 20 公克、四季豆 5 公克、乾冬粉 20 公克、芥花油 2 公克

調味料

醬油 1 / 2 茶匙＋水 100 毫升

作法

1. 黑木耳、紅蘿蔔、四季豆洗淨切絲。冬粉泡溫水，待泡軟後剪短備用。
2. 於鍋中倒入芥花油，依序放入木耳、紅蘿蔔、四季豆拌炒，再放入冬粉拌抄。
3. 加上醬油及水調味，加蓋燜煮 3 ～ 5 分鐘至軟即可。

營養分析

營養成分	熱量
	258.6 大卡
醣類（公克）	36.6
蛋白質（公克）	11.5
脂肪（公克）	7.9
鈉（毫克）	21
葉黃素&玉米黃質（毫克）	0.7

主題 4
保護眼睛
（2～3歲）

食譜 1・五彩香菇粥

護眼食材：栗子南瓜、紅蘿蔔
份量：1 人份

食材

糙米白飯 60 公克、栗子南瓜 42.5 公克、生豆包 15 公克（約 1 / 4 片）、毛豆仁 25 公克（約 30 顆）、紅蘿蔔 20 公克、玉米筍 10 公克（約 1 條）、香菇 20 公克（約大朵的 3 / 4 朵）、花生油 5 公克、水 350 毫升

調味料

鹽少許

作法

1. 所有食材洗淨備用。
2. 半杯白米加上半杯糙米，混合後洗淨，加入 1.5 杯的水，再以電子鍋煮熟。
3. 生豆包、紅蘿蔔、玉米筍、香菇、南瓜皆切小丁備用。
4. 紅蘿蔔丁、玉米筍丁、毛豆仁、南瓜丁，先以滾水汆燙煮軟。
5. 以花生油炒香生豆包、香菇丁，後續入已煮軟的紅蘿蔔丁、玉米筍丁、毛豆仁、南瓜丁，再加入 350 毫升的水。
6. 將煮好後的糙米白飯取出 60 公克，加入作法❺，大火滾沸後轉小火，約煮 20 分鐘再加入調味料後起鍋裝碗即可。

Tips

1. 稀飯的部分，可以選用白米加糙米直接熬煮，口感會更細緻，但記得要以小火熬煮，且要不定時稍攪拌，否則底部的粥容易煮焦。
2. 水可改以昆布熬煮或蔬菜（如高麗菜、紅蘿蔔）熬煮成的高湯取代，更好吃。

營養師小叮嚀

1. 4～6 歲的孩子，早餐全穀根莖類需增加為 3 份，可加入玉米粒 85 公克。玉米粒除了為全穀根莖類外，也是富含葉黃素的食物（每 100 公克含有1毫克葉黃素）。豆製品需增加為 1.5 份，建議可增加生豆包量 30 公克。
2. 許多孩子早上起床後，食慾不佳，容易吃不下固體食物，因此，可以選擇粥品，讓孩子容易吞。

Good 營養分析

營養成分	熱量 349.3 大卡
醣類（公克）	57.6
蛋白質（公克）	14.6
脂肪（公克）	8.4
鈉（毫克）	264
葉黃素&玉米黃質（毫克）	7.4

主題 4
保護眼睛
（2～3歲）

食譜 2・五彩素雲吞

護眼食材：南瓜、菠菜
份量：1 人份

食材

市售雲吞皮 10 片、南瓜 42.5 公克、菠菜 55 公克、乾香菇 1 朵、生豆包 30 公克、葵花油 5 公克、香蕉 95 公克（中型約半根）

調味料

鹽少許

作法

1. 南瓜洗淨削皮後，切小丁，以滾水煮 3 分鐘，取出壓成泥備用。
2. 菠菜洗淨剁碎後，加入少許鹽，放置 10 分鐘，以開水沖洗，再用湯匙稍微將水分擠壓出，備用。
3. 乾香菇泡軟後，去蒂頭，切小丁。生豆包，洗淨後切小丁。
4. 於鍋中加入油，放入香菇丁、生豆包丁炒約 3 分鐘，加入少許鹽調味，待炒香後，取出放涼備用。
5. 將所有材料，放置鍋中拌勻後，分為 10 等份，包入市售雲吞皮中。
6. 煮一鍋水，水滾後，把包好的雲吞放入，約煮 3 分鐘，即可起鍋。

Tips

1. 也可以使用馬鈴薯、蓮藕、地瓜、山藥或鷹嘴豆等根莖類食物取代南瓜，但是要壓成泥狀，並增加其他內餡食材黏稠度，較易塑型。
2. 如果不想用油爆炒，也可直接將香菇及生豆包加入其他食材中拌勻，但建議在雲吞中包入搗碎的堅果（如松 7 公克或腰果 11 公克或核桃 7 公克或黑芝麻 9 公克），以補足 1 份油脂。

營養師小叮嚀

4～6 歲的孩子，午晚餐全穀根莖類需增加為 3 份，可加入麵線 25 公克和麵條 20 公克（煮熟後約半碗）豆製品需增加為 1.5 份，建議製作燙毛豆莢 45 公克當另一道配菜。蔬菜需增加為 1 份，故建議於雲吞麵線湯或雲吞湯麵中加入蔬菜 50 公克，特別建議燙地瓜葉（每 100 公克含有 2.6 毫克葉黃素）、燙青花椰菜（每 100 公克含有 1.4 毫克葉黃素）。

營養分析

營養成分	熱量
	329.5 大卡
醣類（公克）	54.5
蛋白質（公克）	10.9
脂肪（公克）	9.1
鈉（毫克）	51
葉黃素&玉米黃質（毫克）	0.3

主題 4
保護眼睛
（2～3歲）

食譜3・豆腐燉飯

護眼食材：紅蘿蔔、青花椰菜、木瓜
份量：1 人份

食材

白飯 80 公克（約半碗）、傳統豆腐 40 公克或嫩豆腐 70 公克（約 1 / 4 盒）、紅蘿蔔 30 公克、鴻喜菇 10 公克、綠花椰菜 10 公克、無糖豆漿 95 毫升、蘋果 62.5 公克、木瓜 75 公克、花生油 5 公克

調味料

鹽少許

作法

1. 豆腐切小塊狀，用少許油將豆腐入鍋煎到兩面黃，起鍋備用（嫩豆腐可先入鹽水汆燙，較易入味，也較不會破）。
2. 蘋果洗淨削皮切小塊，放入鹽水稍微浸泡 5 分鐘，取出備用。
3. 綠花椰菜洗淨切小末、燙熟；紅蘿蔔削皮切末；鴻喜菇洗淨切小丁。
4. 於鍋中倒入少許油，放入鴻喜菇、紅蘿蔔炒香。
5. 加入豆漿、80 公克白飯、作法 ❶ 及作法 ❷，湯汁煮沸後，轉小火燉煮約 5～10 分鐘，待湯汁收乾，即可起鍋。
6. 起鍋後，將燙熟的綠花椰菜末灑於上方即可食用。
7. 木瓜削皮去籽，切小塊，搭配本餐為附餐水果。

Tips

1. 若孩子不喜歡紅蘿蔔的味道，可先用水燙熟後再炒，以減少紅蘿蔔的生味。
2. 建議選用白飯製作，因糙米或白米糙米混煮的燉飯，口感較硬，且會增加燉煮時間。
3. 燉煮時，需以小火燉煮，以避免燒焦，同時可讓豆漿完全吸入飯內。

營養師小叮嚀

4～6 歲的孩子，午餐全穀根莖類需增加為 3 份，可再加入蒸熟的南瓜丁 85 公克。南瓜是富含葉黃素的食物（每 100 公克含有 1.5 毫克葉黃素）。豆製品需增加為 1.5 份，建議豆腐量（嫩豆腐由 70 公克增加為 140 公克（約 1 / 2 盒）或傳統豆腐由 40 公克增加為 80 公克）。蔬菜需增加為 1 份，建議將青花椰菜，由 10 公克增加為 67.5 公克（每 100 公克含有 1.4 毫克葉黃素）。

主題 4
保護眼睛
（2～3歲）

食譜4・愛心便當套餐

營養分析

營養成分	熱量
	256.8 大卡
醣類（公克）	38.9
蛋白質（公克）	10.7
脂肪（公克）	6.8
鈉（毫克）	48
葉黃素＆玉米黃質（毫克）	2.7

營養師小叮嚀

4～6 歲的孩子，午晚餐全穀根莖類需增加為 3 份，建議增加 40 公克的白飯（約 1 / 4 碗）。豆製品需增加為 1.5 份，建議將嫩豆腐由 35 公克增加為 105 公克（約 1 / 3 盒）。蔬菜需增加為 1 份，建議將菠菜，由 22 公克增加為 77 公克（每 100 公克生菠菜，含有 12.2 毫克葉黃素）。若因季節限制，也可選用地瓜葉取代（每 100 公克熟地瓜葉含有 2.6 毫克葉黃素）。

護眼食材：紅蘿蔔、菠菜

芝麻飯｜份量：1 人份｜

食材

白飯 80 公克（約半碗）、黑芝麻 1 公克

作法

1. 將 1 公克的黑芝麻，倒入 80 公克的白飯中，拌勻。
2. 拌勻的黑芝麻飯，分為 3～4 等份後，搓成圓球狀或用可愛的模型壓出不同形狀即可。

雙色蒸豆腐｜份量：1 人份｜

食材
嫩豆腐 35 公克（約 1 / 4 盒）、紅蘿蔔 16 公克

調味料
鹽少許

作法
1. 紅蘿蔔洗淨削皮切小末，先放入電鍋中，以外鍋 1 杯水蒸熟，加入少許鹽調味後，壓成泥，備用。
2. 嫩豆腐依建議量取出、洗淨後，以鹽調味，壓成泥狀。將壓碎的豆腐，放置模型中或放置於耐熱的小碗或小杯子中，以湯匙壓平、壓均勻，不可以有空隙。
3. 將紅蘿蔔泥放置於壓平的豆腐泥上，同樣需用湯匙壓平、壓均勻。
4. 將作法❸，放入電鍋中，以外鍋 0.5 杯水蒸熟。
5. 蒸好後，取出、放涼，再用刀子依模型邊稍微畫開，把雙色蒸豆腐倒扣取出，可在模型邊緣先抹上薄薄的一層油，以方便雙色蒸豆腐蒸熟後脫模。

Tips
1. 紅蘿蔔建議用少許的鹽調味，以去除紅蘿蔔的特殊氣味；豆腐則不一定要調味。若要增加食材變化及全穀根莖類的量，可於紅蘿蔔泥上再增加一層等量紫地瓜泥，讓口感更豐富。
2. 麵腸的口感較韌，且不易入味，故需加入少許的醬油及水進行調味，使麵腸口感柔軟，讓孩子易入口。
3. 建議可將菠菜切小段，同時煮軟一點，以讓孩子願意咀嚼青菜。

醬燒麵腸菇｜份量：1 人份｜

食材
麵腸 26.3 公克（約 1 / 3 條）、香菇 10 公克（約大朵 1 / 2 朵）、葵花油 4.5 公克

調味料
醬油少許、水 1 /8 杯

作法
1. 麵腸洗淨後，切小塊。香菇去蒂洗淨，切小丁。
2. 鍋子燒熱後，倒入油，放入香菇丁炒約 1 分鐘，再加入麵腸一起拌炒約 2 分鐘。
3. 加入少許的醬油及 1 / 8 杯的水後轉小火熬煮，翻炒約 3 ～ 5 分鐘（避免燒焦），待醬汁收乾後即可。

燙菠菜｜份量：1 人份｜

食材
菠菜 22 公克

調味料
鹽少許

作法
1. 菠菜洗淨切小段。
2. 水煮沸後，將菠菜放入水中煮 3 ～ 5 分鐘。
3. 取出煮熟後的菠菜，再以少許鹽調味，即可。

主題 4
保護眼睛
（2～3歲）

食譜 5．番茄捲麵套餐

Good 營養分析

營養成分	熱量
	324.8 大卡
醣類（公克）	47.3
蛋白質（公克）	15.9
脂肪（公克）	10.9
鈉（毫克）	48
葉黃素&玉米黃質（毫克）	0.5

營養師小叮嚀

4～6歲的孩子，午晚餐全穀根莖類需增加為3份建議於香蘋薯泥沙拉中，加入85公克的玉米粒（每100公克含有1毫克葉黃素）。豆製品需增加為1.5份，故將生豆包增加為45公克。蔬菜則需增加為1份，建議青花椰菜（每100公克含有1.4毫克葉黃素），增加為58公克，同時將香蘋薯泥沙拉中的紅蘿蔔，增加為30公克（每100公克3毫克B胡蘿蔔素，每100公克含0.67毫克葉黃素）。

護眼食材：青花椰菜、紅蘿蔔

番茄義大利麵｜份量：1 人份｜

食材

通心麵 30 公克、小番茄 110 公克、青花椰菜 30 公克、橄欖油 5 公克、水 60 毫升（1 / 4 杯）

調味料

鹽少許、黑胡椒少許

作法

1. 水滾後，放入通心麵煮 6 ～ 7 分鐘至軟硬適中。
2. 青花椰菜洗淨，切小朵，先汆燙過後放進飲用水中冷卻。
3. 小番茄去蒂頭洗淨，用沸水煮約 1 分鐘，待皮裂開後即可取出放涼去皮，切小丁。
4. 鍋子燒熱後，倒入橄欖油，加入青花椰菜及小番茄丁拌炒，再加入 1 / 4 杯的水。
5. 小番茄汁以小火炒香後，再倒入已煮熟的通心麵，稍微拌炒至湯汁被通心麵吸乾後，加入少許鹽、黑胡椒拌勻即可。

Tips

1. 可依孩子的喜好選擇管狀通心麵、貝殼麵或其他可愛造型義大利麵。
2. 若小朋友不喜歡吃小番茄，可使用食物調理機打碎，讓小朋友看不到小番茄。
3. 若想增加食材的色彩，可將香蘋薯泥沙拉的食材量減半，另一半製作地瓜葡萄沙拉，將紫地瓜 22.5 公克蒸熟後搗碎成泥，加入小黃瓜丁 6.5 公克、葡萄乾 5 公克乾拌勻即可。
4. 4 ～ 6 歲的孩子，為增加蔬菜種類多元化，可於豆包捲中捲入蔬菜，如 50 公克條狀的四季豆或蘆筍、甜椒條等。

香蘋薯泥沙拉｜份量：1 人份｜

食材

馬鈴薯 45 公克、小黃瓜 13 公克、紅蘿蔔 10 公克、蘋果 62.5 公克

作法

1. 馬鈴薯洗淨去皮切片，紅蘿蔔洗淨去皮切小丁狀，一起放入電鍋中以外鍋 1 杯水蒸熟。
2. 將馬鈴薯取出壓成泥。
3. 小黃瓜洗淨，再以熱開水清洗一次後，切成小丁狀。
4. 蘋果洗淨去皮後，以鹽水微泡過，再切成丁狀。
5. 將小黃瓜、蘋果和馬鈴薯泥、紅蘿蔔丁拌勻即可。

豆包捲｜份量：1 人份｜

食材

生豆包 30 公克、海苔片 0.5 片

調味料

鹽少許

作法

1. 準備好烤盤或烤網備用（捲起來的豆皮捲可直接放上去）。
2. 將生豆包攤平，內面撒上少許的鹽（若海苔有鹹味，則不須撒鹽）。上面鋪一張海苔，稍微用力將豆包捲起。
3. 將捲好的豆包捲，以錫箔紙包住，放入家用小烤箱，以中火烤 10 ～ 12 分鐘左右。
4. 稍微放涼後切成一塊一塊，即可排盤食用。

營養分析

營養成分	熱量 208.1 大卡
醣類（公克）	32.5
蛋白質（公克）	12.1
脂肪（公克）	3.3
鈉（毫克）	377
維生素 B（毫克）	3.9
維生素 C（毫克）	34.2
維生素 E（毫克）	5.6
葉酸（毫克）	0.6

含 B 群、C、葉酸食材：
豆漿、紅黃椒、海帶芽、味噌
份量：1 人份

主題 5
提升免疫力
（2～3歲）

食譜 1・豆漿燉飯

食材

白飯 100 公克（半碗）、無糖豆漿 260 毫升（1 杯）、紅黃椒各 25 公克、海帶芽 2 公克

調味料

味噌 5 公克（1 茶匙）、水適量

作法

1. 紅黃椒洗淨去籽，切小丁。
2. 海帶芽泡開切細碎。味噌和水攪拌均勻。
3. 鍋子燒熱後，加入作法 ❶ 拌炒。
4. 倒入豆漿與白飯用中火熬煮至湯汁收乾即可。

營養師小叮嚀

1. 4～6 歲的小朋友飯量需要增至 8 分滿，蔬菜增至 1 碗。
2. 黃椒可用玉米粒取代，紅椒可用紅蘿蔔取代；另外白飯可用五穀飯或胚芽飯取代。
3. 海帶芽本身含有中量的葉酸（每 100 公克含有 29.4 微克）和 B_{12}（每 100 公克含有 5 微克）可協助免疫細胞的製造，而豆漿本身富含維生素 B_1 可促進細胞代謝，因此兩者的搭配可讓免疫力更上一層樓。

Tips

1. 豆漿煮滾後會起浮泡，將浮泡撈淨，風味更佳。
2. 白飯會吸收豆漿的水分，因此燉飯成品的體積比較大是正常的。

營養分析

營養成分	熱量
	268 大卡
醣類（公克）	32.5
蛋白質（公克）	12.0
脂肪（公克）	10.0
鈉（毫克）	379
維生素 B（毫克）	30.5
維生素 C（毫克）	15.1
維生素 E（毫克）	13.7
葉酸（毫克）	99.3

主題 5
提升
免疫力
（2～3歲）

食譜2・香菇麵線

含B群、C、葉酸食材：
乾香菇、凍豆腐、青花椰菜、老薑、番茄
份量：1人份

食材

乾香菇10公克（3朵）、五穀麵線50公克、凍豆腐70公克、青花椰菜15公克、老薑10公克、番茄15公克、水適量

調味料

麻油5公克（1茶匙）

作法

1. 香菇洗淨泡軟，切小塊；第一泡的水倒掉，用第二泡的水當湯底。
2. 青花椰菜洗淨切小朵、凍豆腐洗淨切塊、番茄洗淨切小塊，分別燙熟。麵線燙熟。
3. 熱油鍋，老薑切片加入麻油炒香。
4. 加入香菇丁，並加入些許香菇水以中火熬至煮滾，加入作法❷即可。

Tips

1. 老薑切片後，可輕輕用刀身按壓出薑汁，爆香時薑味會更容易入味。
2. 小孩子如果不喜歡吃薑，可在爆香後將薑片撈起。

營養師小叮嚀

1. 4～6歲的小朋友飯量需要增至8分滿，蔬菜增至1碗，豆腐增至140公克。
2. 老薑有祛寒功效，也富含維生素C可預防感冒，另外乾香菇裡富含大量葉酸（每100公克含有290微克）及維生素B（每100公克含有34毫克），可協助免疫細胞的製造來提升免疫力。

營養分析

營養成分	熱量
	285 大卡
醣類（公克）	52.5
蛋白質（公克）	11.5
脂肪（公克）	3.2
鈉（毫克）	20
維生素 B（毫克）	1.4
維生素 C（毫克）	52.1
維生素 E（毫克）	40.0
葉酸（毫克）	40.1

主題 5
提升免疫力
（2～3歲）

食譜 3・水果涼麵

含 B 群、C、葉酸食材：
奇異果、蘋果、香蕉、豆漿
份量：1 人份

食材

1. 彩色捲心麵 50 公克、奇異果 35 公克（1 / 4 顆）、蘋果 35 公克（1 / 4 顆）
2. **水果淋醬食材：**香蕉 70 公克（半根）、無糖豆漿 260 毫升（1 杯）、冰塊適量、水適量

作法

1. 準備湯鍋，加水煮滾後，加入捲心麵，依包裝建議煮至熟軟撈起後，放入冰水中冰鎮。
2. 奇異果、蘋果洗淨削皮切小塊後，個別放入碗中。
3. **製作水果淋醬：**香蕉剝去外皮切塊，與豆漿、冰塊、水，一起放入果汁機攪打即可完成。
4. 將捲心麵和水果淋醬拌匀，最後灑上奇異果及蘋果塊即可。

營養師小叮嚀

1. 4～6 歲的小朋友麵量需要增至 1 碗。水果醬本身是香蕉豆奶可以直接飲用，建議孩子要全部喝完營養才夠。
2. 此道料理含有大量的維生素 C 跟 E，兩者都是促進免疫球蛋白的重要營養素，可提升免疫力及預防感冒。另外微微的甜味可以促進食慾，加入豆漿的水果淋醬也有豐富的蛋白質和葉酸（每 100 公克含有 13 微克）來幫助免疫球蛋白的合成。

Tips

1. 涼麵料理非常適合在夏季食用，可提升孩子的胃口。可將切好的蘋果塊泡入鹽水中，以預防變色。
2. 果汁機攪打的水果淋醬若浮沫太多可以撈掉一些，但不要用篩網濾渣。水果可以選擇當季盛產的水果替換，並擠入些許檸檬汁增加風味。
3. 香蕉本身就有甜味，不需額外加糖。

營養分析

營養成分	熱量
	286 大卡
醣類（公克）	44.0
蛋白質（公克）	5.0
脂肪（公克）	10.0
鈉（毫克）	407
維生素 B（毫克）	8.0
維生素 C（毫克）	19.0
維生素 E（毫克）	3.0
葉酸（毫克）	94.0

主題 5
提升
免疫力
（2～3歲）

食譜 4．義式蔬菜湯泡飯

含 B 群、C、葉酸食材：香菇、蘑菇、紅蘿蔔、高麗菜、牛番茄、腰果、毛豆仁
份量：1 人份

食材

香菇 10 公克、紅蘿蔔 10 公克、高麗菜 20 公克、蘑菇 10 公克、牛番茄 25 公克、腰果 10 公克、毛豆仁 25 公克、白飯 100 公克（半碗）、橄欖油 5 公克（1 茶匙）、水適量

調味料

鹽 1 公克（1 小匙）、月桂葉／羅勒葉少許

作法

1. 香菇洗淨切小塊，紅蘿蔔洗淨削皮切小塊，高麗菜洗淨切小段，蘑菇洗淨切片。腰果切碎。
2. 番茄洗淨切除蒂頭，把中間的果肉挖進碗中，用湯匙絞碎，並保留湯汁。剩下的番茄小切塊。
3. 熱油鍋，加入橄欖油，將作法 ❶ 拌入腰果及毛豆仁混炒，過程中加入作法 ❷ 的番茄汁及鹽一起拌炒再加入適量的水煮滾。
4. 起鍋前撒上一點羅勒葉或月桂葉增加風味，之後再倒入白飯內即可完成。

營養師小叮嚀

1. 4～6 歲的小朋友飯量需要增至 8 分滿，蔬菜增至 1 碗。
2. 蛋白質來自毛豆，且毛豆富含維生素C（每 100 公克含有 23 毫克）。
3. 番茄富含維生素C（每 100 公克含有 12 毫克）可增加免疫球蛋白的生成。
4. 菇類食物（非香菇）中含有葉酸（每 100 公克含有 46 微克）和 B 群（每 100 公克含有 5 微克）可協助免疫細胞的製造。

Tips

牛番茄可將內肉的白梗去除，熬煮時更容易把漂亮的紅色煮出來，且炒過的番茄內含的脂溶性維生素也更容易被人體吸收。

營養分析

營養成分	熱量
	282 大卡
醣類（公克）	41.2
蛋白質（公克）	11.4
脂肪（公克）	8
鈉（毫克）	415
維生素 B（毫克）	33.5
維生素 C（毫克）	27.3
維生素 E（毫克）	14
葉酸（毫克）	120.0

主題 5
提升
免疫力
（2～3歲）

食譜 5．蔬菜麵疙瘩

含 B 群、C、葉酸食材：紅蘿蔔、地瓜 20 公克、深綠色蔬菜、乾香菇、老薑、青花椰菜、傳統豆腐、毛豆仁

份量：1 人份

食材

1. 紅蘿蔔 10 公克、地瓜 20 公克、深綠色蔬菜 30 公克、中筋麵粉 40 公克
2. 乾香菇 10 公克、老薑 10 公克、青花椰菜 15 公克、傳統豆腐 35 公克、毛豆仁 25 公克、麻油 5 公克（1 茶匙）、鹽 1 公克（1 小匙）、水適量

作法

1. 紅蘿蔔、地瓜洗淨去皮切小塊，燙熟。深綠色蔬菜洗淨切小段，燙熟。
2. 香菇洗淨泡軟，切小塊；香菇水當湯底（第一泡的水倒掉，用第二泡的水當湯底）。老薑洗淨切片。花椰菜洗淨切小朵，燙熟。豆腐切小塊。
3. 將作法 ❶ 分別置入果汁機中各自打成泥狀，並用篩網濾出汁成天然蔬菜色素。
4. 中筋麵粉分成 3 等份，分別和入作法 ❸，搓揉成各色麵團。
5. 分別將麵團搓成長條後切成小塊，再以手掌按壓成各色麵疙瘩。
6. 備一湯鍋，水滾後加入麵疙瘩燙熟。
7. 取一鍋，加麻油爆香薑片，加入乾香菇、花椰菜、毛豆仁加鹽拌炒，並加入水及香菇水煮成高湯。
8. 加入麵疙瘩，起鍋前加入豆腐煮滾即可。

Tips

1. 紅蘿蔔麵疙瘩較不易上色，可將一些蘿蔔泥和進麵團增加色澤。
2. 麵團用熱水燙過後再加入高湯一起煮滾，避免影響高湯色澤及口感。

營養師小叮嚀

1. 4～6 歲的小朋友飯量需要增至 8 分滿，蔬菜增至 1 碗。
2. 老薑有祛寒功效，富含維生素 C（100 公克含 3 微克）、葉酸（100 公克含 45 微克）可預防感冒。
3. 乾香菇含有大有葉酸和 B 群（每 100 公克含有 34 毫克），其中的維生素 B_3，可促進成長代謝以及強化免疫力；另外，乾香菇裡頭也含有不少的維生素 D（每 100 公克含 50 微克），可增加孩子的骨骼發展。

主題 6
強化骨質
維生素 D
（2～3歲）

食譜 1・陽光烤派特餐

營養分析

營養成分	熱量
	405 大卡
醣類（公克）	50.5
蛋白質（公克）	12.0
脂肪（公克）	15.0
鈉（毫克）	436
維生素 D（微克）	2.0

營養師小叮嚀

1. 主食類 3 份，部分熱量來自於南瓜和麵粉，對於 2～3 歲的幼兒 2 份主食類稍微偏高，建議飯量可減至 1 / 4 碗；4～6 歲的孩童，主食份數維持不變。
2. 香菇含有大有葉酸（每 100 公克含有 290 微克）和 B 群（每 100 公克含有 34 毫克），其中的維生素 B_3，可促進成長代謝以及免疫力。

含維生素 D 食材：市售維生素 D、黑木耳

豆腐派｜1 人份｜

食材
傳統豆腐 70 公克、腰果 10 公克、蘑菇 20 公克、黑木耳 20 公克、紅蘿蔔 10 公克、胡麻油 5 公克、海帶芽 2 公克、中筋麵粉 10 公克、青花椰菜 50 公克、五穀飯 100 公克（半碗）

調味料
孜然粉 10 公克、砂糖 5 公克、醬油 1 茶匙（5 毫升）、羅勒葉 10 公克

作法
1. 將傳統豆腐用廚房紙巾包覆吸乾水分。
2. 蘑菇、黑木耳、紅蘿蔔洗淨切小塊。腰果切小塊。蘑菇留 5 公克切片（南瓜湯使用）。
3. 熱油鍋加入麻油，將作法 ❷ 炒香備用。
4. 將作法 ❶ 的豆腐置於盆中捏碎，加入海帶芽、醬油、糖、孜然粉和麵粉，與作法 ❸ 的備料混合均勻。
5. 預熱烤箱，溫度達 100 度 C 時，調整上火 180 度、下火 170 度，將作法 ❹ 放進烤箱烤 20 分鐘。
6. 青花椰洗淨切小朵燙熟，放在盤中作盤飾。
7. 豆腐派烤好後，將烤派放在餐盤，撒上羅勒葉即可完成。

Tips
1. 豆腐的水分吸得愈乾愈容易跟麵粉一起成型，進烤箱的失敗率會大大降低。
2. 建議在家烹飪 10 分鐘後確認顏色，如果已有些微焦色，需將上火溫度調降。

南瓜蘑菇湯｜1 人份｜

食材
南瓜 30 公克、蘑菇 5 公克、水 300 毫升

調味料
孜然粉 10 公克

作法
1. 將南瓜洗淨連皮籽，以外鍋 1 杯水蒸熟。
2. 加水至果汁機攪打均勻。
3. 加入孜然粉調味、蘑菇裝飾即可完成。

主題 6
強化骨質維生素 D
(2～3歲)

食譜 2・活力包菜卷特餐

營養分析

營養成分	熱量 290 大卡
醣類（公克）	40.0
蛋白質（公克）	10.0
脂肪（公克）	10.0
鈉（毫克）	615
維生素 D（微克）	1.5

營養師小叮嚀

1. 4～6 歲的小朋友飯量需要增至 8 分滿，蔬菜增至 1 碗。
2. 香菇含有葉酸（每 100 公克含有 290 微克）和 B 群（每 100 公克含有 34 毫克），其中的維生素 B_3，可促進成長代謝以及免疫力。

含維生素 D 食材：市售維生素 D 香菇

包菜卷｜ 1 人份｜

食材

傳統豆腐 70 公克、香菇 15 公克、紅蘿蔔 10 公克、蘑菇 15 公克、高麗菜葉 50 公克（約 2 片大葉）、青花椰菜 15 公克、胡麻油 5 公克、五穀飯 100 公克（半碗）

調味料

醬油 5 毫升（1 茶匙）、砂糖 5 公克、胡椒粉 10 公克

作法

1. 將傳統豆腐用廚房紙巾包覆吸乾水分。
2. 將香菇、蘑菇、紅蘿蔔洗淨切小塊，高麗菜洗淨，剝成片。
3. 熱油鍋，加入麻油，將作法 ❷ 炒香。
4. 將作法 ❶ 的豆腐置於盆中捏碎，加入醬油、糖和胡椒粉，與作法 ❸ 均勻混合成內餡。
5. 取湯鍋，水滾後，將高麗菜葉放入燙軟，取出後平鋪，加入內餡，將菜葉兩側向內對折慢慢往內捲成條狀。
7. 將捲好的菜卷放入電鍋，以外鍋 1 杯水蒸熟，即可起鍋。

Tips

1. 豆腐的水分吸得越乾，進電鍋蒸時越不容易出水。
2. 不一定要完整的一面高麗菜葉，也可將 2 ～ 3 張的小菜葉交互相疊成一張大面；如果怕菜卷散開，可將剩餘的菜葉撕成條狀再把菜卷綑起來。高麗菜葉可用包心白菜葉取代。

海帶芽味噌湯｜ 1 人份｜

食材

海帶芽 2 公克、味噌 5 公克（1 茶匙）

作法

1. 將海帶芽泡開備用。
2. 煮一鍋滾水，將味噌加入拌開後，放下海帶芽，煮約 1 分鐘後即可起鍋。

營養分析

營養成分	熱量
	276.8 大卡
醣類（公克）	39.6
蛋白質（公克）	12.6
脂肪（公克）	8.8
鈉（毫克）	840
維生素 D（微克）	4.0

主題 6
強化骨質
維生素 D
（2～3歲）

食譜 3．玫瑰煎餃

含維生素 D 食材：市售含維生素 D 香菇、市售含維生素 D 木耳
份量：1 人份

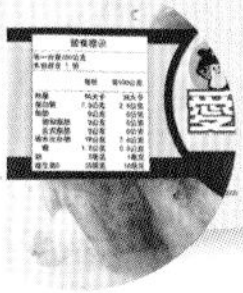

食材

中型餃子皮 6 張、小方豆乾 40 公克、市售含維生素 D 香菇 20 公克、市售含維生素 D 木耳 20 公克、高麗菜 10 公克、紅蘿蔔 5 公克、植物油 5 毫升（1 小匙）

調味料

醬油 5 毫升（1 小匙）、鹽 1 公克（1 / 4 匙）、胡椒粉少許

作法

1. 小方豆乾、香菇、木耳、高麗菜、紅蘿蔔洗淨切小末。
2. 熱油鍋，放入 1 / 2 小匙植物油，加入紅蘿蔔、香菇、木耳、小方豆乾炒香後，加入高麗菜與調味料拌炒即完成餡料。
3. 取 3 張餃子皮，皮與皮約於 1 / 3 處重疊排放，重疊接縫處用水將餃皮黏住。
5. 餃子皮上鋪上一半的餡料（約 35 公克），將餃子皮往上對折並用水將接縫處黏住。
6. 由右端慢慢捲至左端，最後把接縫處黏住即完成玫瑰餃子。
7. 平底鍋加入 1 / 2 小匙植物油，放入餃子稍微煎至底部呈黃金色。
8. 放入 300 毫升熱水（可蓋住餃子一半的水量），大火蒸煮約 8 分鐘至水蒸發即可。

Tips

將餃子皮往上對折時，記得用水將接縫處黏住，這樣就不露餡了，折出的花瓣會更漂亮。

營養師小叮嚀

對於 4 ～ 6 歲小朋友，餃子皮使用量改為 9 張，小方豆乾改為 60 公克，香菇與木耳各改為 50 公克。

營養分析

營養成分	熱量
	324.7 大卡
醣類（公克）	42.5
蛋白質（公克）	14.2
脂肪（公克）	12.3
鈉（毫克）	778
維生素 D（微克）	5.0

主題 6
強化骨質
維生素 D
（2～3歲）

食譜 4．柚香什錦菇方包

含維生素 D 食材：市售含維生素 D 香菇
份量：1 人份

食材

中型純素吐司 60 公克（約 1 片）、無糖豆漿 190 毫升、市售含維生素 D 香菇 50 公克、鴻禧菇 10 公克、雪白菇 10 公克、甜椒 5 公克、植物油 5 毫升（1 小匙）

調味料

醬油 5 毫升（1 小匙）、鹽 1 公克（1 / 4 匙）、胡椒粉少許、和風柚子醬 5 毫升（1 小匙）

作法

1. 菇類洗淨，香菇切片狀，鴻禧菇及雪白菇去蒂頭。甜椒洗淨切成小丁，燙熟。
2. 吐司放入烤箱略烤。
3. 熱油鍋，放入 1 小匙植物油，加入作法❶的菇類炒香後，加入醬油、鹽、胡椒粉調味起鍋。
4. 拌入甜椒及柚子醬，將什錦菇排放在吐司上即可。

營養師小叮嚀

1. 4～6 歲小朋友，吐司可吃 1.5 片（90 公克）。
2. 豆漿為高品質的蛋白質來源，請記得與吐司搭配食用！ 4～6 歲小朋友，豆漿改為 285 毫升。

Tips

具有柚子風味的什錦菇可以放於冰箱保存，作為和風醋漬小菜別具風味。另外可以搭配義大利麵、麵包享用。

Good 營養分析

營養成分	熱量
	291.5 大卡
醣類（公克）	37.0
蛋白質（公克）	12.0
脂肪（公克）	11.4
鈉（毫克）	567
維生素 D（微克）	5.0

主題 6
強化骨質
維生素 D
（2～3歲）

食譜 5・光亮捲餅

含維生素 D 食材：市售含維生素 D 香菇、市售含維生素 D 袖珍菇
份量：1 人份

食材

中筋麵粉 30 公克、地瓜粉 10 公克（或蓮藕粉 10 公克）、五香豆乾 35 公克、市售含維生素 D 香菇 30 公克、市售含維生素 D 袖珍菇 20 公克、芹菜 5 公克、紅蘿蔔 5 公克、水 50 毫升、植物油 7.5 毫升（1 又 1 / 2 小匙）

調味料

鹽 1 公克（1 / 4 小匙）、黑胡椒少許

作法

1. 食材洗淨，將香菇、袖珍菇、紅蘿蔔切小丁，芹菜切末。
2. 熱油鍋，放入 1 / 2 小匙植物油，加入五香豆乾煎熟並切絲備用。
3. 熱油鍋，放入 1 / 2 小匙植物油，加入香菇丁、袖珍菇丁、紅蘿蔔丁、芹菜末，再加入調味料炒熟備用。
4. 將作法 ❸ 加入中筋麵粉、地瓜粉，加水拌成糊狀。
5. 熱油鍋，鍋中放入 1 / 2 小匙植物油，倒入麵糊，以湯匙塑成圓形，煎成約 15 公分薄餅。
6. 餅皮上鋪上五香豆乾絲，捲起餅皮即可。

營養師小叮嚀

4 ～ 6 歲小朋友，中筋麵粉使用量改為 45 公克，地瓜粉 15 公克（或蓮藕粉 15 公克），五香豆乾改為 50 公克。

Tips

麵糊需要以湯匙耐心慢慢塑成圓形，此時可先關火以免餅皮燒焦，另外因餅皮含餡料，不易捲起，可以先將餅皮中間對切（剪）一半，然後再鋪上豆乾絲捲起。

主題 7
高鋅
促進食慾
（2～3歲）

食譜 1・山藥芋頭煎餅

營養分析

營養成分	熱量 320 大卡
醣類（公克）	54.8
蛋白質（公克）	11.8
脂肪（公克）	7.4
鈉（毫克）	596
鋅（毫克）	2.7

營養師小叮嚀

1. 若作為午晚餐建議餐後可搭配食用一個拳頭大小的當季水果，作為一份水果補充。
2. 4～6 歲的孩子，午餐全穀雜糧類需增加為 3 份（1 碗半量），山藥量應增加為 180 公克。
3. 4～6 歲的孩子，午餐毛豆需增加為 1.5 份，建議可使用至 60 公克。

含鋅食材：山藥、芋頭、毛豆、芥花油

山藥芋頭煎餅｜份量：1 人份｜

食材
山藥 140 公克、芋頭 40 公克、毛豆 35 公克、玉米粉 1 茶匙、芥花油 5 公克

調味料
鹽 1 / 4 茶匙

作法
1. 山藥洗淨去皮，用果汁機打成泥。芋頭洗淨去皮，切細絲。毛豆洗淨去皮切碎。
2. 作法 ❶ 加入鹽及玉米粉拌勻，用湯匙取適量放入平底鍋煎成小圓片，煎至兩面金黃酥脆。
3. 稍涼後包上海苔即可。

Tips

山藥氧化的較快，建議材料拌好就要趕快煎，注意食材新鮮度唷！

味噌蔬菜湯｜份量：1 人份｜

食材
水 200cc、大白菜 25 公克（切絲）、玉米筍 20 公克（切片）、豆皮 7 公克（切片）、味噌 5 公克、海帶芽少許

作法
1. 豆皮、大白菜、玉米筍洗淨切片。
2. 取一湯鍋加入 200cc 水，加入作法 ❶ 煮滾後，加入味噌及海帶芽少許即可。

主題 7
高鋅
促進食慾
（2～3歲）

食譜2・芋香炊飯套餐

營養分析

營養成分	熱量
	306 大卡
醣類（公克）	45.1
蛋白質（公克）	13.1
脂肪（公克）	8.3
鈉（毫克）	747
鋅（毫克）	3.2

營養師小叮嚀

1. 若作為午晚餐建議餐後可搭配食用一個拳頭大小的當季水果，作為一份水果補充。
2. 4～6 歲的孩子，午餐全穀雜糧類需增加為 3 份，糙米量應增加為 80 公克（為 8 分滿量）。
3. 4～6 歲的孩子，午餐蛋白質食物需增加為 1.5 份，建議炊飯可加豆乾絲至 30 公克。

含鋅食材：芋頭、糙米、鮮香菇、鴻禧菇、豆乾、紅蘿蔔、四季豆、芥花油

芋香炊飯｜份量：1 人份｜

食材
芋頭 25 公克、糙米飯 80 公克（可利用隔夜飯）、鮮香菇 20 公克、鴻禧菇 20 公克、豆乾 15 公克、紅蘿蔔絲 20 公克、四季豆 20 公克、芥花油 1 / 4 茶匙、香油半茶匙

調味料
醬油 1 茶匙、水 1 茶匙

作法
1. 芋頭洗淨去皮，切細絲。紅蘿蔔洗淨，切細絲。豆乾切絲。菇類洗淨去蒂頭切絲。四季豆洗淨，切絲，入鍋中汆燙。
2. 取一平底鍋以芥花油炒香菇類，加入芋頭絲炒至微金黃，再加入豆乾絲炒香。
3. 取一內鍋將炒香的食材與糙米飯拌勻，上層鋪上紅蘿蔔絲淋上醬油與水。
4. 放入電鍋中，以外鍋加 300 毫升的水蒸，跳起後，淋上香油，鋪上四季豆裝飾即可食用。

Tips
隔夜飯記得要完全加熱，才可以食用唷！

香煎豆腐湯｜份量：1 人份｜

食材
傳統豆腐 50 公克、水 400 毫升、海帶芽 2 公克、芥花油 1 / 4 茶匙、香油 1 / 4 茶匙

調味料
鹽 1 / 4 茶匙

作法
1. 傳統豆腐切小塊，鍋內加少許油，放入豆腐煎至上色。
2. 取湯鍋，加水 200 毫升煮至滾，加入煎好的豆腐。
3. 加入海帶芽，起鍋加入香油即可。

主題 7
高鋅
促進食慾
（2～3歲）

食譜 3・芋菇炒飯

營養分析

營養成分	熱量
	322 大卡
醣類（公克）	55.1
蛋白質（公克）	12.7
脂肪（公克）	6.9
鈉（毫克）	357
鋅（毫克）	3.3

營養師小叮嚀

1. 作為午晚餐建議餐後可搭配食用一個拳頭大小的當季水果，作為一份水果補充。
2. 4～6 歲的孩子，午餐全穀雜糧類需增加為 3 份，五穀飯量應增加為 90 公克（為 9 分滿量）。
3. 4～6 歲的孩子，午餐蛋白質食物需增加為 1.5 份，建議飯可加豆乾丁約 15～20 公克一起炒。

含鋅食材：芋頭、五穀飯、蘑菇、高麗菜、芥花油、扁豆

芋菇炒飯｜份量：1 人份｜

食材

蘑菇 20 公克、芋頭 35 公克、高麗菜 30 公克、五穀飯 70 公克（約 4 分滿碗）、芥花油 1 / 4 茶匙

調味料

鹽 1 / 4 茶匙

作法

1. 蘑菇洗淨切片。芋頭洗淨去皮，切細絲。高麗菜洗淨切細絲。
2. 平底鍋內，加少許油，放入蘑菇片炒香，再依序加入芋頭絲與高麗菜絲拌炒。
3. 最後加上蒸熟的五穀飯拌炒均勻，加上適量鹽調味即可。

綜合扁豆湯｜份量：1 人份｜

食材

薑末少許、扁豆 30 公克、綠花椰菜 20 公克、芥花油 1 / 2 茶匙、水 500 毫升

調味料

香油 1 公克、鹽 1 / 4 茶匙

作法

1. 用少許芥花油將薑末與扁豆略炒，加水 100 毫升，小火炒乾後再加入 400 毫升的水。
2. 加蓋將扁豆煮軟約 10 分鐘，測試喜歡的軟硬度。
3. 加入洗淨的小朵花椰菜煮 2 分鐘。
4. 起鍋加上適量鹽調味，再淋幾滴香油即可。

Tips

扁豆是蛋白質非常高的豆類唷！無論煮湯或是和炒飯一起炒都很好吃！烹煮前扁豆可以泡 2 ～ 12 小時，會比較軟也好消化吸收！

營養分析

營養成分	熱量 249 大卡
醣類（公克）	39.1
蛋白質（公克）	11.2
脂肪（公克）	4.6
鈉（毫克）	353
鋅（毫克）	3.6

含鋅食材：芋頭、傳統豆腐、香菇、綠花椰菜、芥花油、紅椒

主題 7
高鋅
促進食慾
（2～3歲）

食譜 4．芋香豆腐煲

食材

芋頭 110 公克、傳統豆腐 80 公克切小粒、香菇 40 公克、綠花椰菜 40 公克、紅椒 15 公克、1 / 4 茶匙芥花油、少許薑末、水 100 毫升

調味料

鹽 1 / 4 匙

作法

1. 芋頭洗淨削皮，刨成絲。
2. 香菇洗淨切片。傳統豆腐洗淨切小粒。綠花椰菜洗淨切小朵。紅椒洗淨切小丁。
3. 平底鍋內加入芥花油，加入香菇及薑末炒香，放入傳統豆腐煎到金黃，再將芋頭加入拌炒。
4. 加入 100 毫升的水，花椰菜、紅椒丁，加蓋小火燜煮。
5. 起鍋前灑上鹽調味即可。

Tips

簡單又好吃的芋香料理，全家人一起享用更好吃唷！

營養師小叮嚀

1. 若作為午晚餐建議餐後可搭配食用一個拳頭大小的當季水果，作為一份水果補充。
2. 4 ～ 6 歲的孩子，午餐全穀雜糧類需增加為 3 份（為 1 碗半量），芋頭量應增加為 165 公克。（此餐份量較多，可分為一半正餐，一半下午點心，需注意食物保存衛生）。
3. 4 ～ 6 歲的孩子，午餐蛋白質需增加為 1.5 份，豆腐建議可使用至 120 公克。

主題 7
高鋅
促進食慾
（2～3歲）

食譜5．脆絲飯糰套餐

營養分析

營養成分	熱量
	404 大卡
醣類（公克）	67.5
蛋白質（公克）	16.2
脂肪（公克）	10.1
鈉（毫克）	127.5
鋅（毫克）	3.1

營養師小叮嚀

1. 若作為午晚餐建議餐後可搭配食用一個拳頭大小的當季水果，作為一份水果補充。
2. 4～6 歲的孩子，午餐全穀雜糧類需增加為 3 份，糙米飯量應增加為 95 公克（1 碗量）。
3. 4～6 歲的孩子，午餐豆皮絲需增加為 1.5 份，建議可使用至 45 公克。煎完包不進去的脆絲可放在小碟子作為零嘴食用。

含鋅食材：芋頭、糙米或五穀飯、豆皮、金針菇、核桃、菠菜

脆絲飯糰｜份量：1 人份｜

食材

芋頭 15 公克、糙米飯或五穀飯 75 公克、豆皮 30 公克、金針菇 20 公克、菠菜 20 公克、核桃 3 公克（1 顆）、海苔片 1 片

調味料

醬油 1 小茶匙、香油 1／2 小茶匙

作法

1. 芋頭洗淨削皮，刨成絲。金針菇去蒂頭洗淨切段。豆皮洗淨切絲。
2. 將作法❶與醬油、香油拌勻；烤箱 250℃預熱 10 分，放入烤箱烤 10 分鐘。
3. 菠菜洗淨切段，取湯鍋，水滾加入菠菜燙熟，取出擠乾再切成細末。核桃壓碎與菠菜末一起。拌入五穀飯中。
4. 將烤好的脆絲部分包入飯糰中，外圍包 1 條海苔片即可。

鮮果湯｜份量：1 人份｜

食材

香菇 15 公克（切片）、水 300 毫升、薑末 2 公克、紅蘿蔔丁 10 公克、蘋果丁 10 公克

調味料

鹽酌量

作法

1. 香菇洗淨切片。紅蘿蔔洗淨切丁。蘋果洗淨去皮切丁。
2. 香菇乾煎至微捲後，加 300 毫升水、薑末、紅蘿蔔丁、蘋果丁，加鹽酌量，加蓋煮 5 分鐘即可。

Tips

香菇，乾煎就可以散發菇類特有的香氣，不需要用油煎就很香了唷！

營養分析

營養成分	熱量
	125.4 大卡
醣類（公克）	27.6
蛋白質（公克）	3.7
脂肪（公克）	0.2
鈉（毫克）	22

主題 8
把不愛吃的食材變好吃
（2～3歲）

食譜 1．山藥蓮子粥

份量：1 人份

食材

白飯或糙米飯 40 公克（約 1 / 4 碗）、山藥 40 公克、生鮮蓮子 12.5 公克、枸杞 1 公克、水 300 毫升（2 杯）

調味料

紅糖

作法

1. 山藥洗淨去皮，切小丁。蓮子洗淨後去蒂籽後，切為 4 塊。枸杞洗淨泡水。
2. 將白米飯或糙米飯放入鍋中，加入山藥丁、蓮子丁、2 杯的水，將所有食材稍微混勻。放入電鍋中，以外鍋 1.5 杯的水蒸煮。
3. 待電鍋跳起後，取出山藥蓮子粥，加入少許的紅糖調味，最後加入泡水後的枸杞即可。

Tips

1. 購買蓮子時，需確定蓮子是否為新鮮蓮子，以及有無去蒂籽，若無，則需去蒂籽，否則蓮子會有苦的口感產生。若擔心蓮子太硬，可先浸泡約 30 分鐘再加入粥中一起熬煮。
2. 若孩子真的不喜歡山藥脆脆的口感，媽媽們可考量將山藥磨成泥狀後，再加入粥中烹煮。
3. 可加入少許紅糖，來增加味道（甜粥）。但若想於早餐時烹煮此道菜餚當早餐，建議則不需加紅糖，可改加鹽，煮成鹹粥。

營養師小叮嚀

1. 此道粥品烹調方式簡單方便，故建議媽媽可將此道菜餚當早餐或午點來讓孩子攝取。
2. 許多孩子，因為山藥為黏稠狀，故不喜歡山藥。但是，將山藥與粥一起煮，除了可去除黏稠的特性外，也可提升粥品的營養價值。

營養分析

營養成分	熱量
	252.0 大卡
醣類（公克）	26.7
蛋白質（公克）	2.5
脂肪（公克）	15.5
鈉（毫克）	2

主題 8
把不愛吃的食材變好吃
（2～3歲）

食譜 2．青椒天婦羅

份量：1 人份

食材

1. 青椒 45 公克
2. **天婦羅麵衣：**低筋麵粉 25 公克、太白粉 5 公克、冰水 33 公克、自製番茄醬（大番茄）5 公克

調味料

鹽少許

作法

1. 青椒洗淨去籽，切成條狀。
2. **製作天婦羅麵衣：**
   （1）將低筋麵粉、太白粉及鹽放入碗中混合均勻。
   （2）蕃茄洗淨後，壓成泥狀備用。
   （3）加入冰水、番茄泥及拌勻的粉末，攪拌均勻成麵糊狀即可。
3. 將青椒沾上調製好的天婦羅麵衣。
4. 鍋中倒入油，開中小火，熱油鍋，等油鍋熱了（木筷子放入一點點，會起泡或少許麵糊放入會馬上膨脹的程度）。
5. 放入青椒，一面炸至金黃，翻面再炸，以中火約炸 3～4 分鐘撈起，再以大火炸 1 分鐘至酥脆即可。。

Tips

1. 為增加青椒天婦羅味道的多元性，於麵衣中加入番茄泥，番茄泥的酸甜味與青椒的澀味搭配起來極為契合。若年紀較大的孩子喜歡番茄醬，媽媽也可於麵衣中加入少許番茄醬取代番茄泥。
2. 炸起來後的青椒天婦羅，如果家裡有烤箱，也可放進入溫熱的烤箱稍微烤一下，有濾油功效。

營養師小叮嚀

此道菜餚主要是以油炸的方式烹調，屬於油脂含量較高的烹調法，故若有準備此道菜餚，那麼當餐的另外幾道菜，請以少油的烹調方式（如：水煮、蒸、燙、涼拌）烹調，以避免當餐攝取過多油脂。

Good 營養分析

營養成分	熱量 188.1 大卡
醣類（公克）	11.9
蛋白質（公克）	7.4
脂肪（公克）	12.9
鈉（毫克）	73

主題 8
把不愛吃的食材變好吃
（2～3歲）

食譜 3．苦瓜豆腐煎

份量：2 人份

食材

白玉苦瓜 40 公克、紅蘿蔔 10 公克、乾香菇 1 小朵、傳統豆腐 80 公克、植物油 10 公克

調味料

白味噌 0.5 公克、赤味噌 1 公克、太白粉 5 公克

作法

1. 白玉苦瓜洗淨去籽切小丁。紅蘿蔔洗淨去皮切小丁。乾香菇泡軟後，切小丁。
2. 取一湯鍋，放入白玉苦瓜丁、紅蘿蔔丁，以沸水煮軟，取出放涼。
3. 熱鍋放入 5 公克的油，至油熱後，放入香菇丁炒香，再加入煮軟的紅蘿蔔丁、白玉苦瓜丁略炒，起鍋放涼備用。
4. 將豆腐搗碎，並加入作法 ❸ 的食材及白味噌、赤味噌、5 公克太白粉拌勻。
5. 熱鍋，放入 5 公克的油，至油熱後轉小火，放入作法 ❹ 的食材，並將食材稍微壓平，煎至面金黃後，翻面再繼續煎熟。
6. 兩面煎黃後，即可起鍋排盤。

Tips

1. 爆炒順序，可以香菇丁為先，爆炒出香味後，再加入已煮軟的紅蘿蔔丁、白玉苦瓜丁。
2. 因豆腐本身會有水分，故太白粉不需加水，可直接加入搗碎的豆腐中拌勻即可。
3. 若豆腐煎太大，不好翻面，建議可先用湯匙挖成一小團，分批放入鍋中壓平再煎。

營養師小叮嚀

白味噌具有甜味、赤味噌具鹹味，若孩子比較不喜歡甜味，建議媽媽可以全改以赤味噌調味即可。另外，因已放入具有鹹味的赤味噌，故不需再加鹽。

Good 營養分析

營養成分	熱量
	294.1 大卡
醣類（公克）	25.9
蛋白質（公克）	9.9
脂肪（公克）	18.0
鈉（毫克）	158

主題 8
把不愛吃的食材變好吃
（2～3歲）

食譜 4．紫金元寶

份量：1 人份

食材

高麗菜 15 公克、茄子 30 公克、紅蘿蔔 5 公克、乾香菇 2 小朵、傳統豆腐 80 公克、市售雲吞皮（大） 4 片、植物油 5 毫升（不含炸油）

調味料

鹽少許

作法

1. 高麗菜洗淨切碎。香菇泡軟切小丁。紅蘿蔔洗淨去皮後切小丁。茄子洗淨後，切成小滾刀狀。豆腐搗碎。
2. 取一湯鍋，水煮沸後，先放入紅蘿蔔約燙 3 分鐘，再放入茄子，燙煮至茄子微變色即撈起。
3. 熱鍋加入植物油，油熱後起放入香菇丁炒香，再加入紅蘿蔔丁、高麗菜、茄子略炒並以鹽調味拌炒約 1 分鐘後，起鍋待涼再加入搗碎的豆腐，一起拌勻。
4. 將作法 ❸ 的食材，分為 4 等份分別包入市售雲吞皮中。
5. 鍋中倒入油，開中小火，熱油鍋，等油鍋熱了（木筷子放入一點點，會起泡的程度）
6. 放入紫金元寶，一面炸黃了，翻面再炸 （小火約炸 3～4 分鐘即可撈起）。

Tips

1. 爆炒順序，可以香菇丁為先，爆炒出香味後，再加入高麗菜及已煮軟的紅蘿蔔丁、茄子。
2. 油炸時，火候務必為小火，同時不斷翻面，才不會造成紫金元寶外觀太焦但內部未熟。

營養師小叮嚀

1. 此道菜餚屬於油脂含量較多的烹調法，故建議，當餐的另外幾道菜，需要以少油的烹調方式（如：水煮、蒸、燙、涼拌）烹調，以避免當餐攝取過多油脂。
2. 可將此道菜餚烹調方式改以蒸或水煮。除容易入口外，也可將熱量降低為 161 大卡。
3. 因含有全穀根莖類、豆製品、蔬菜及油脂，故除了可當成配菜外，媽媽們也可考慮當成孩子的點心。

Good **營養分析**

營養成分	熱量
	284.7 大卡
醣類（公克）	25.4
蛋白質（公克）	13.9
脂肪（公克）	15.9
鈉（毫克）	437

主題 8
把不愛吃的食材變好吃
（2～3歲）

食譜 5・魔法錦囊

份量：3 人份

食材

西洋芹 35 公克、乾香菇 2 朵、紅蘿蔔 15 公克、傳統豆腐 60 公克、市售三角壽司腐皮 7 小片、植物油 5 公克

調味料

鹽少許、赤味噌 0.5 公克

作法

1. 乾香菇泡軟，去蒂，切小丁。豆腐搗碎。西洋芹去葉，洗淨後切小丁。紅蘿蔔去皮，洗淨後切小丁。
2. 取一湯鍋，水煮沸後，將西洋芹丁、紅蘿蔔丁放入煮約 3 ～ 5 分鐘，撈起。
3. 熱油鍋，放入植物油，待油熱，放入乾香菇炒到香味出來後，再放入已煮軟的西洋芹丁、紅蘿蔔丁，並同時加入少許鹽調味，拌炒 1 ～ 2 分鐘，起鍋備用。
4. 將搗碎的豆腐與作法 ❸ 攪拌混勻後，包入市售的壽司腐皮中。
5. 將包好的魔法錦囊依序放入烤箱，並於包餡的那面，塗上少許赤味噌。放入烤箱以中火烤 15 分鐘，即可取出。

Tips

1. 西洋芹、紅蘿蔔，都有孩子不喜歡的味道，但是，若將其切小丁，並以沸水煮過，則其特殊的味道皆會消失。建議在烹調有特殊味道的食材時，可考慮先以沸水煮過（若覺得煮過的水倒掉可惜，可拿來當高湯使用）。
2. 有些孩子不喜歡味噌的發酵味，由於此道菜餚使用的是市售壽司腐皮，故也可以不塗抹味噌直接食用。

營養師小叮嚀

1. 市售壽司腐皮，屬高油脂的食材，故建議，當餐的另外幾道菜，需要以少油的烹調方式（如：水煮、蒸、燙、涼拌）烹調。
2. 「魔法錦囊」的精隨就是在把孩子不喜歡的食物「包」起來。因此，並不一定要使用高油脂類的市售壽司腐皮，可改以春捲皮、水餃皮、雲吞皮等全穀根莖類食材來搭配。烹調方式可用煮、蒸、煎等方式來取代烤。

主題 9
營養點心
（2～3歲）

食譜 1 份量：6～8 杯（每 2 杯為 1 人份，可製 3～4 人份）

可可豆漿布丁

營養分析（1 杯）

營養成分	熱量
	73.2 大卡
醣類（公克）	9.2
蛋白質（公克）	3.7
脂肪（公克）	3.2
鈉（毫克）	20
鐵（毫克）	1.8
鋅（毫克）	0.8
鈣（毫克）	26.4
膳食纖維（公克）	3.6

營養師小叮嚀

1. 1 杯可可豆漿布丁約含醣類 0.5 份及蛋白質 0.5 份，2～3 歲孩子若每日食用兩次點心，每次可食用 2 杯（或可使用較大的杯子，每次製作共 3 杯，一次食用 1 杯）即可。
2. 4～6 歲孩子，每日 3 次點心中，可食用 1 杯可可豆漿布丁，再搭配上 1 片餅乾，則可達到蛋白質需求量。

食材

1. 可可粉 70 公克（1 / 2 米杯）、水 280 毫升、洋菜粉 4 公克
2. 微甜的豆漿 280 毫升、洋菜粉 4 公克

Tips

· 定型時，可以做任何您喜愛的圖案，比如可把杯子斜放一邊。

作法

1. 將水加入洋菜粉拌勻後放置 7～8 分後，放入微波爐 1 分鐘，或以小火加熱 2 分鐘，取出後再加入可可粉拌勻，倒入杯中後（放入冷藏 2 小時定型）。
2. 將豆漿加入洋菜粉拌勻後，小火加熱約 10 分鐘，放涼至約 60 度 C 左右備用。
3. 把作法❷倒入作法❶的杯中，放置冰箱中冷藏約 2 小時，即可品嚐。

主題 9
營養點心
（2～3 歲）

食譜 2　份量：8 捲（每捲為 1 人份，可製 8 人份）

田園蔬菜捲佐菠菜核桃醬

食材

1. **蔬菜捲：**紅、黃、紫蘿蔔各 65 公克（各 1 條）、玉米筍 60 公克（2 條）、秋葵 18 公克（4 條）、原味海苔 1 片
2. **醬汁：**菠菜 15 公克（1 小把）、熟核桃 20 公克、和風醬油 1 茶匙、水果醋 2 茶匙、糖 1 / 2 茶匙

Tips

- 以海苔捲入蔬菜條後，需儘早食用，避免軟掉影響口感。
- 蔬菜可以自行替換，選擇多種顏色，更能吸引孩子食用。

營養分析（2 個）

營養成分	熱量
	94.3 大卡
醣類（公克）	15.9
蛋白質（公克）	2.9
脂肪（公克）	1.8
鈉（毫克）	103
鐵（毫克）	1.0
鋅（毫克）	0.7
鈣（毫克）	67.2
膳食纖維（公克）	4.9

作法

1. 所有蔬菜洗淨切成細長條；入鍋汆燙約 1 分鐘後，撈起泡冰水備用。
2. 將海苔片剪成長條形，再捲入瀝乾的蔬菜條即可。
3. **製作醬汁：**先將菠菜入鍋汆燙 30 秒；將所有醬汁材料放入調理機打勻即可。

營養師小叮嚀

1. 2 個田園蔬菜捲含有 1 份醣類及將近 0.5 份蛋白質，2～3 歲孩子，每日食用 2 次點心，每次可食用 2 個，再搭配半杯豆漿飲品。4～6 歲孩子，每日食用 3 次點心，每次可食用 2 個。
2. 非常清爽！不喜歡吃正餐及青菜的孩子，不妨試試這道點心以增加纖維攝取量。可依照孩子的咀嚼能力適當調整食物粗細。

主題 9
營養點心
（2～3歲）

食譜 3 14 個（每 4 個為 1 人份，可製 3.5 人份）

芋絲海苔椒鹽薯餅

營養分析（4 個）

營養成分	熱量 280.0 大卡
醣類（公克）	18.0
蛋白質（公克）	2.8
脂肪（公克）	9.6
鈉（毫克）	15
鐵（毫克）	0.8
鋅（毫克）	1.2
鈣（毫克）	22.4
膳食纖維（公克）	2.0

營養師小叮嚀

2～3歲孩子，每日食用 2 次點心，每次食用 4 個，可攝取到約 1 份醣類及 0.5 份蛋白質，再搭配上半杯豆漿（0.5 份蛋白質），即達到一次點心建議攝取量。4～6 歲孩子，每日食用 3 次點心，每次攝取 4 個，即可達到一次點心建議攝取量。

食材

芋頭 150 公克、中筋麵粉 20 公克、蒸熟白藜麥 30 公克（生重 12 公克）、水 20 毫升、植物油 1 湯匙

調味料

海苔粉 2 茶匙、熟白芝麻 10 公克、鹽 1 / 2 茶匙、白胡椒粉 1 / 2 茶匙（可省略）

Tips

‧藜麥的口感香脆且有嚼勁，混入點心中一同食用，可增加飽足感，並能增加樂趣！

作法

1. 芋頭洗淨去皮後刨成細絲。調味料拌勻。
2. 白藜麥洗淨置入電鍋，以外鍋 1 杯水蒸熟。
3. 將中筋麵粉倒入盆中，再加入芋頭絲和蒸熟的白黎麥及水拌勻後，分成一球一球，約可做成 14 個。
4. 熱油鍋，將芋頭絲放入鍋中煎至兩面金黃即可取出，最後灑上調味料即可。

主題 9
營養點心
（2～3歲）

食譜 4 份量：6 杯（每杯為 1 人份，可製 6 人份）

芋頭紫薯西谷米

食材

芋頭 180 公克、紫薯 80 公克、西谷米 20 公克、水 600 毫升

調味料

糖 30 公克

作法

1. 將西谷米煮好備用。芋頭、紫薯洗淨削皮切小塊。
2. 西谷米倒入容器中，加入冷水淹過它後再輕輕攪拌、均勻。燒一小鍋熱水，水滾後將泡過水的西谷米倒入，煮 30 ～ 45 秒，西谷米呈透明狀就可撈起。
3. 600 毫升的水倒入鍋中煮開，加入芋頭丁和紫薯丁，轉中小火蓋上鍋蓋煮約 10 ～ 15 分鐘。
4. 加入西谷米及糖調味即可。

Tips

．紫薯含高量花青素，具有強抗氧化力，可搭配山藥或栗子製作成西谷米，還能加入黑豆製作成紫薯黑豆漿。

營養分析（1 杯）

營養成分	熱量
	78.8 大卡
醣類（公克）	18.4
蛋白質（公克）	1.0
脂肪（公克）	0.3
鈉（毫克）	2
鐵（毫克）	0.4
鋅（毫克）	0.8
鈣（毫克）	8.4
膳食纖維（公克）	0.9

營養師小叮嚀

1 杯芋頭紫薯西谷米含 1 份醣類，每日食用 2 次點心，每次飲用 1 杯，再額外搭配 1 份豆製品，如無水滷豆乾 1 塊即可。4 ～ 6 歲孩子，每日食用 3 次點心，則可每次飲用 1 杯，再搭配半份蛋白質，如無水滷豆乾半塊。

主題 9
營養點心
（2～3歲）

食譜 5 豆腐食蔬饅頭

份量：12 個（每個為 1 人份，可製 12 人份）

營養分析（1 個）

營養成分	熱量
	97.6 大卡
醣類（公克）	15.0
蛋白質（公克）	5.7
脂肪（公克）	3.2
鈉（毫克）	10
鐵（毫克）	1.4
鋅（毫克）	0.6
鈣（毫克）	58.7
膳食纖維（公克）	1.3

營養師小叮嚀

1 個豆腐食蔬饅頭含有 1 份醣類及將近 1 份蛋白質，2～3 歲孩子，每日食用 2 次點心，每次可食用 1 個。4～6 歲孩子，每日食用 3 次點心，每次可食用 1 個。

Tips

‧ 麵皮發酵時間需取決於當日的天氣溫度，只要手指輕輕的按壓麵糰不會回彈回來即發酵完成。

食材

1. **內餡：**乾香菇絲 8 公克（4 朵）、傳統豆腐 450 公克（1 塊）、紅蘿蔔末 35 公克（1 小條）、四季豆末 100 公克、黑木耳絲 65 公克（1 大朵）、植物油 1 湯匙
2. **麵皮：**全麥麵粉 88 公克、中筋麵粉 108 公克、鹽 1 / 4 茶匙、天然酵母粉 1 茶匙、糖 20 公克、冷壓橄欖油 1 湯匙、無糖豆漿 120 毫升

調味料

素蠔油、醬油膏、糖、白胡椒粉、香油少許

作法

1. 起油鍋，加入植物油，將豆腐煎至微金黃後，切絲。依序加入紅蘿蔔末、四季豆末和黑木耳絲，炒香後，再加入調味料炒均勻。
2. **製作麵皮：**先將天然酵母粉用 80 度 C 的水泡約 10 分鐘。
3. 把全麥麵粉、中筋麵粉、鹽放入盆中拌勻後，加入泡好的酵母水攪拌，再加入冷壓橄欖油和無糖豆漿繼續攪拌直到麵體光滑。
4. 將揉好的麵糰放至密閉的大玻璃盆中，發酵約 1 至 2 小時。
5. 取出發酵好的麵糰進行分割整形（每顆約 60 公克），桿平後包入餡料搓圓，約可做 12 個饅頭。
6. 將包好的饅頭置於饅頭紙上進行二次發酵，約靜置 30 分鐘左右。
7. 置入蒸籠中，以大火蒸 25 分鐘後即可關火。

主題 9
營養點心
（2～3歲）

食譜 6 份量：12 個（每 2 個為 1 人份，可製 6 人份）

豆腐燕麥蔬菜煎餅

食材

傳統豆腐 450 公克（1 盒）、煮熟燕麥米 80 公克（生重 25 公克）、香菇 2 朵、新鮮玉米粒 40 公克、中筋麵粉 25 公克、3 湯匙植物油

調味料

鹽 1 茶匙、白胡椒粉 1 / 2 茶匙、香油 1 茶匙

作法

1. 用紙巾把豆腐多餘的水分吸乾後，加入熟的燕麥米用手動的易拉轉打碎。
2. 香菇洗淨切細末，加入玉米粒和麵粉攪拌均勻，再加入調味料。
3. 把調好的材料分成一球一球適口大小（約可做成 12 個煎餅），就可放入油鍋中，煎至兩面金黃即可取出。

Tips

・捏好的煎餅，放入鍋中後不要隨意翻動，煎至微黃時才可翻面，不然容易散落。

營養分析（2 個）

營養成分	熱量 209.3 大卡
醣類（公克）	15.2
蛋白質（公克）	8.0
脂肪（公克）	10.8
鈉（毫克）	34
鐵（毫克）	1.9
鋅（毫克）	0.9
鈣（毫克）	107.0
膳食纖維（公克）	1.7

營養師小叮嚀

1. 2～3歲孩子，每日食用 2 次點心，每次可食用 2 個，可攝取到 1 份醣類及 1 份蛋白質。4～6歲孩子，每日食用 3 次點心，每次攝取 2 個，則需在正餐減少半份蛋白質，如無水滷豆乾半塊。
2. 全素孩子，鈣質來源可改為有添加石膏（凝固劑）的傳統豆腐，其鈣質含量及吸收率都與乳製品相當。

主題 9
營養點心
（2～3歲）

食譜 7　份量：1 杯（每杯為 1 人份，可製 1 人份）

奇亞籽水果布丁

營養分析（1 杯）

營養成分	熱量
	182.0 大卡
醣類（公克）	13.9
蛋白質（公克）	7.6
脂肪（公克）	14.1
鈉（毫克）	58
鐵（毫克）	0.5
鋅（毫克）	0.3
鈣（毫克）	24.0
膳食纖維（公克）	10.2

營養師小叮嚀

1. 1 杯含有約 1 份醣類及 1 份蛋白質，2～3 歲孩子，若每日實用 2 次點心，一次可食用 1 杯。4～6 歲孩子，每日食用 3 次點心，每次攝取 1 杯，需在正餐減少半份蛋白質，如無水滷豆乾半塊。
2. 若製作時選擇添加堅果，可依孩子的咀嚼及吞嚥能力將堅果切成適當大小，避免噎到。

食材

奇亞籽（chia seeds） 20 公克、含糖豆漿 160 毫升堅果或水果（依個人喜歡水果製作）

作法

1. 把奇亞籽稍微沖飲用水洗淨後，加入豆漿拌勻即可放入冰箱冷藏，隔日使用。
2. 把作法 ❶ 放進杯內，再依個人喜歡，加入堅果或水果即可食用。

Tips

・喜歡口感較濃稠的孩子，也可藉由增加奇亞籽的量（至 40 公克）來增加濃稠度。

主題 9
營養點心
（2～3歲）

食譜 8 份量：12 個（每個為 1 人份，可製 12 人份）
抹茶紅麴藜麥饅頭

食材

全麥麵粉 88 公克、中筋麵粉 108 公克、鹽 1 / 4 茶匙、天然酵母粉 1 茶匙、糖 20 公克、冷壓橄欖油 1 湯匙、無糖豆漿 120 毫升、紅藜麥 35 公克、抹茶粉及紅麴粉 12 ～ 18 公克

Tips

- 發酵時間取決於當日溫度，可用手輕按麵糰，若不會回彈，即發酵完成。
- 如要做成粉紅色，則紅麴粉的量可先由 12 公克開始添加，若要做成大紅色，則添加至 18 公克。

作法

1. 將天然酵母粉用 80 度 C 的水泡約 10 分鐘備用。
2. 將全麥麵粉、中筋麵粉及鹽放入盆中拌勻後，加入泡好的酵母水攪拌，再加入冷壓橄欖油、無糖豆漿和紅藜麥繼續攪拌直到麵糰光滑。
3. 將作法 ❷ 的麵糰分為二，一半加入紅麴粉，另一半加入抹茶粉，分別揉成紅麵糰和綠麵糰，放至密封的大玻璃盆中發酵約 1 ～ 2 小時。
4. 取出發酵好的麵糰進行整形，切成小等份的小麵糰（6 公克 / 個），再將小麵糰搓成圓形。
5. 將作法 ❹ 的小圓球置於饅頭紙上排成圓形，放入蒸籠靜置 30 分鐘左右開火，以中火蒸 20 分鐘後即可。

Good 營養分析（1 個）

營養成分	熱量
	82.3 大卡
醣類（公克）	15.4
蛋白質（公克）	2.9
脂肪（公克）	1.4
鈉（毫克）	9
鐵（毫克）	0.5
鋅（毫克）	0.3
鈣（毫克）	11.5
膳食纖維（公克）	1.4

營養師小叮嚀

1. 每個共含 1 份醣類及 0.5 份蛋白質，2 ～ 3 歲孩子，每日若食用 2 次點心，每次可食用 1 個，再額外搭配半杯豆漿。4 ～ 6 歲孩子，每日食用 3 次點心，可作為一次點心食用。
2. 製作時，除了使用市售較好取得的抹茶粉及紅麴粉，也可選擇自製蔬菜粉，如南瓜、紫薯、紅蘿蔔等。

主題 9
營養點心
（2～3歲）

食譜 9 份量：8 支
芝麻奇亞籽棒棒糖

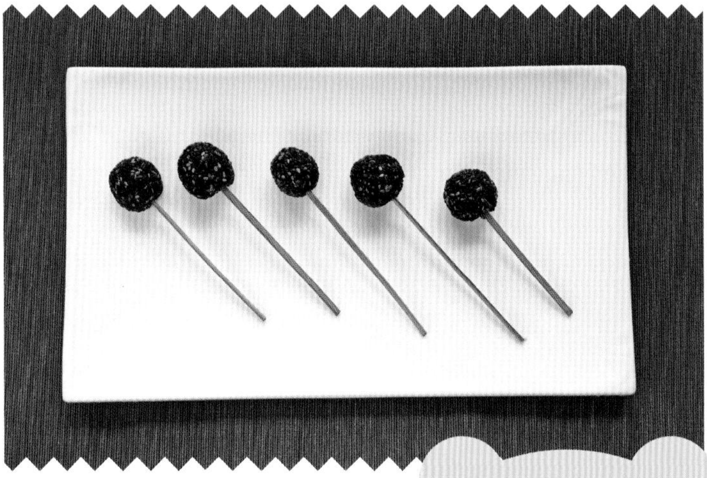

營養分析（1 支）

營養成分	熱量
	122.7 大卡
醣類（公克）	2.0
蛋白質（公克）	3.7
脂肪（公克）	11.5
鈉（毫克）	3.0
鐵（毫克）	1.8
鋅（毫克）	5.0
鈣（毫克）	88.6
膳食纖維（公克）	3.8

Tips

· 塑形時，可將拌勻後的半成品，放置在烤盤紙上壓成長方形，或是做成圓球狀，或其他形狀。

食材

黑白芝麻各 50 公克、奇亞籽（45 公克）、糖 20 公克、油 1 湯匙、水 2 湯匙

作法

1. 黑白芝麻放入烤箱，用 160 度 C 烤 4 分鐘，重複 2 次，至有香氣。
2. 將水和糖用小火煮滾後，持續攪拌煮至金黃色（將糖漿滴一小滴在冷水裡，若糖漿變硬即可關火）。
3. 加入油拌勻後，再加入烤好的黑白芝麻和奇亞籽需快速拌勻趁微溫時進行塑形。

營養師小叮嚀

1. 每支含 0.5 份蛋白質，2～3 歲孩子，每日食用 2 次點心，每次可食用2支。4～6 歲孩子，每日食用 3 次點心，每次可食用 1 支。攝取每支棒棒糖，可食用到 88.6 毫克鈣質。
2. 每 100 公克奇亞籽含 15.6 公克蛋白質、30.8 公克脂肪、38 公克的膳食纖維，泡水後產生的可溶性纖維，具有調節腸胃道機能的作用。

主題 9
營養點心
（2～3 歲）

食譜 10 份量：8 杯（每杯為 1 人份，可製 8 人份）

紅豆薏仁西谷米

食材

紅豆 80 公克（1 / 2 米杯）、薏仁 40 公克（1 / 4 米杯）、水 2000 毫升、糖 40 公克、西谷米 10 公克

作法

1. 把紅豆和薏仁洗淨，加入 2000 毫升的水用快鍋煮熟。
2. 西谷米倒入容器中，加入冷水淹過它後再輕輕攪拌至均勻。燒一小鍋熱水，水滾後將泡過水的西谷米倒入，煮 30 ～ 45 秒，西谷米呈透明狀就可撈起，泡冷開水。
3. 將作法 ❶ 煮好的紅豆薏仁取出，加入糖，再放入調理機裡打碎，倒入杯中再加入適量的西谷米即可。

Tips

· 紅豆和薏仁除了可用快鍋煮熟以外，也可以使用電鍋煮，外鍋需放 3 杯水。

營養分析（1 杯）

營養成分	熱量
	72.4 大卡
醣類（公克）	15.6
蛋白質（公克）	2.8
脂肪（公克）	0.4
鐵（毫克）	0.9
鋅（毫克）	0.5
鈣（毫克）	9.8
膳食纖維（公克）	2.0

營養師小叮嚀

1. 1 杯紅豆薏仁西谷米含有 1 份醣類及將近 0.5 份蛋白質，2 ～ 3 歲孩子，每日食用 2 次點心，每次可飲用 1 杯，再額外增加半杯豆漿。4 ～ 6 歲孩子，每日食用 3 次點心，每次則可飲用 1 杯。
2. 孩子食慾不佳時，不妨製作簡單又營養的紅豆薏仁西谷米來促進孩子的食慾。

主題 9 營養點心（2～3歲）

食譜 11 份量：5 碗（每碗為 1 人份，可製 5 人份）

紅扁豆山藥粥佐海苔醬

Tips

· 山藥煮的時間加長或縮短可依據個人的口感調整。

營養分析（1 碗）

營養成分	熱量
	105.4 大卡
醣類（公克）	19.3
蛋白質（公克）	5.9
脂肪（公克）	1.5
鈉（毫克）	20
鐵（毫克）	1.1
鋅（毫克）	0.7
鈣（毫克）	7.3
膳食纖維（公克）	3.4

營養師小叮嚀

1. 1 碗紅扁豆山藥粥約含有 1 份醣類及 1 份蛋白質，2～3 歲孩子，每日食用 2 次點心，每次可食用 1 碗。4～6 歲孩子，每日食用 3 次點心，每次可食用 1 碗。
2. 紅扁豆營養成分豐富，但含皂素及血凝素，不可生吃，必須煮熟後才可食用。

海苔醬

食材

原味海苔片 2 大片、熟的白芝麻 10 公克

調味料

黑豆醬油 1 茶匙

作法

用小火快速把海苔片兩面各烤 5 秒去除多餘水分。海苔捏碎後再加入熟的白芝麻和黑豆醬油拌勻即可。

紅扁豆山藥粥

食材

紅扁豆 80 公克、胚芽米 20 公克、山藥 180 公克、水 1000 毫升

作法

1. 先將紅扁豆、胚芽米洗淨後，放入冷凍兩小時。
2. 山藥洗淨去皮切小丁。
3. 將作法 ❶ 放入鍋中加入 1000 毫升的水煮滾後，轉小火煮約 20 分鐘，再加入山藥丁煮 10 分鐘左右即可上桌。

主題 9 營養點心（2～3 歲）

食譜 12 份量：8 捲（每捲為 1 人份，可製 8 人份）

食蔬豆皮捲

食材

1. **餅皮：**中筋麵粉 150 公克、水 180 毫升、熟黑芝麻 10 公克、鹽 1 / 2 茶匙
2. **內餡：**豆皮 15 公克（1 張）、黑木耳 150 公克（3 朵）、紅蘿蔔 35 公克（1 小條）、香菜 1 小把、熟黑芝麻 50 公克、白胡椒粉少許
3. **芝麻醬：**黑豆醬油 1 / 2 茶匙、糖 1 / 2 茶匙、黑醋 1 / 2 茶匙

作法

1. 中筋麵粉放入盆中，加入鹽和 10 公克熟黑芝麻拌勻後，再加入水拌勻成麵糊，讓麵糊靜置 10 分鐘後使用。
2. 用小火加熱不沾鍋，把靜置好的麵糊用大湯匙舀一瓢放入鍋中用刷子均勻抹成薄片圓形，等麵皮旁邊翹起時即可翻面，約再烘 1 分鐘即成餅皮。
3. 起油鍋用中小火把豆皮煎至些許金黃，撒上少許鹽提味，切細條。
2. 黑木耳和紅蘿蔔洗淨切細絲分別入鍋炒香後，加上少許黑豆醬油和白胡椒。
3. 50 公克的熟黑芝麻用調理機打勻後，加入芝麻醬材料調勻即可成為黑芝麻醬。
4. 餅皮塗上黑芝麻醬，再放入豆皮絲、黑木耳絲、紅蘿蔔絲和香菜捲成一捲即可。

營養分析（1 個）

營養成分	熱量
	80.8 大卡
醣類（公克）	14.3
蛋白質（公克）	3.4
脂肪（公克）	1.2
鈉（毫克）	37
鐵（毫克）	0.6
鋅（毫克）	0.3
鈣（毫克）	21.5
膳食纖維（公克）	0.6

營養師小叮嚀

1 個食蔬豆皮捲含 1 份醣類及 0.5 份蛋白質，2～3 歲孩子，每日食用 2 次點心，每次可食用 1 個，再搭配半杯豆漿。4～6 歲孩子，每日食用 3 次點心，則可每次食用 1 個。

主題 9 營養點心（2～3 歲）

食譜 13 份量：8 個（每個為 1 人份，可製 8 人份）
椒鹽菇菇米堡

營養分析（1 個）

營養成分	熱量
	77.5 大卡
醣類（公克）	22.3
蛋白質（公克）	3.3
脂肪（公克）	3.3
鈉（毫克）	3
鐵（毫克）	0.7
鋅（毫克）	0.6
鈣（毫克）	26.3
膳食纖維（公克）	2.1

營養師小叮嚀

1. 1 個堡約有 1 份醣類及 0.5 份蛋白質，2～3 歲孩子，每日食用 2 次點心，每次可食用 1 個，再加上半杯豆漿。4～6 歲孩子，每日食用 3 次點心，每次可食用 1 個。
2. 除了適合孩子野餐時攜帶外，也能作為較小月齡孩子的手指食物。

Tips

‧ 若使用傳統的電鍋煮飯，可在內鍋加 1 又 3 / 4 米杯的水，外鍋放 1 米杯的水。

食材

杏鮑菇 100 公克（2 條）、美生菜 30 公克（1 小把）、紅藜麥 80 公克、壽司米 160 公克、中筋麵粉少許、植物油 2 湯匙

調味料　椒鹽粉適量

作法

1. 先將米和紅藜麥洗淨後，用電鍋煮熟備用。
2. 把杏鮑菇洗淨撕成小條狀後，裹上些許中筋麵粉，起油鍋（約 120 度 C）將小條狀杏鮑菇炸至些許金黃後撈起，再灑少許椒鹽粉備用。
3. 取出作法❶拌入少許的鹽，捏成米漢堡狀（請參見 p.123）再鋪上杏鮑菇和美生菜即可。

主題 9
營養點心
（2～3歲）

食譜 14 份量：4 塊
無水滷豆乾

食材
白豆乾或五香豆乾 280 公克（4 塊）、薑 1 小塊、八角 2 顆、陳皮 1 小塊、甘草 1 片、桂枝少許（不加亦可）、植物油 2 湯匙

Tips
・冷熱皆可食。可額外搭配海帶或滷花生，以攝取到蔬菜及豐富的不飽和脂肪酸，為健康更加分。

調味料
鹽 1 茶匙、黑豆醬油 2 湯匙、黑豆醬油膏 1 湯匙、糖少許

作法
1. 白豆乾或五香豆乾切小塊。
2. 先煮一鍋水加入 1 茶匙的鹽煮滾，加入豆乾煮 2 分鐘後撈起。
3. 起油鍋把薑片用小火爆香後，加入八角、陳皮、甘草和桂枝稍微翻炒；再加入糖和黑豆醬油略翻炒，最後加入豆乾拌炒。
4. 加入豆乾後，每20分鐘左右翻炒一次，煮約兩小時至入味。再加入黑豆醬油膏拌勻，即可上桌品嚐了。

Good 營養分析（1 塊）

營養成分	熱量
	69.6 大卡
醣類（公克）	2.6
蛋白質（公克）	7.0
脂肪（公克）	3.5
鈉（毫克）	429
鐵（毫克）	2.0
鋅（毫克）	0.8
鈣（毫克）	99.0
膳食纖維（公克）	0.8

營養師小叮嚀
1. 每塊豆乾含蛋白質 1 份，2～3 歲孩子若每日食用兩次點心，每次食用 1 塊，可再額外加上一個拳頭大小餐包。4～6 歲孩子，若在三正餐中已達到足夠蛋白質攝取量，每日 3 次點心中則可每次食用半塊豆乾，並加上一個拳頭大小餐包。
2. 豆乾是由豆腐脫水再製而成，故鈣含量及熱量較豆腐高，鐵質含量也高喔！

主題 9
營養點心
（2～3歲）

食譜 15 份量：15 個（每個為 1 人份，可製 15 人份）

燕麥黑糖糕

營養分析（1 個）

營養成分	熱量
	82.9 大卡
醣類（公克）	15.2
蛋白質（公克）	1.7
脂肪（公克）	1.8
鈉（毫克）	16
鐵（毫克）	0.8
鋅（毫克）	0.3
鈣（毫克）	27.9
膳食纖維（公克）	1.0

營養師小叮嚀

1. 每個含有 1 份醣類，建議 2～3 歲孩子，每日若食用 2 次點心，可食用 1 個，並搭配 1 杯豆漿。4～6 歲孩子，每日食用 3 次點心，每次可選擇 1 個，再搭配半杯豆漿。
2. 燕麥為鐵質豐富的食材，除了能補足孩子整日活動後的熱量需求，同時可額外攝取到 0.8 毫克鐵質。

食材

燕麥粒 140 公克（1 米杯）、蓮藕粉 70 公克（1 / 2 米杯）、黑糖 70 公克（1 / 2 米杯）、冷水 375 毫升、炒熟花生粒或炒熟白芝麻 30 公克

Tips

· 可以用孩子喜歡的水果裝飾，以吸引孩子食用。

作法

1. 先將燕麥粒洗淨，再以 375 毫升的水泡 4 小時。
2. 將蓮藕粉、黑糖加入作法❶，再以調理機打碎成米漿。
3. 將米漿放入電鍋中，以外鍋 2 杯水蒸熟放涼，切成適口大小。
4. 將花生粒打碎或直接使用白芝麻粒，沾覆在黑糖糕外即可。

主題 9
營養點心
（2～3 歲）

食譜 16 份量：8 碗（每碗為 1 人份，可製 8 人份）

綠豆山藥粥

食材

綠豆 160 公克、胚芽米 80 公克、鹽 1 / 2 茶匙、水 4000 毫升、山藥 120 公克

作法

1. 先將胚芽米和綠豆洗淨，再加入水 4000 毫升放入電鍋中，並於外鍋放入 2 米杯水，約 40 分鐘後開關就會跳起。
2. 將山藥洗淨去皮切小丁，放入作法 ❶ 煮好的胚芽綠豆中拌勻，加鹽調味後蓋上鍋蓋，再燜 15 分鐘即可。

Tips

・山藥外皮含有植物鹼，容易使皮膚過敏發癢，可戴上手套，並在細流水下削皮；若沒有立即烹煮，可先浸泡在鹽水中避免氧化。

營養分析（1 碗）

營養成分	熱量
	118.1 大卡
醣類（公克）	23.0
蛋白質（公克）	5.8
脂肪（公克）	0.4
鈉（毫克）	26
鐵（毫克）	1.2
鋅（毫克）	0.8
鈣（毫克）	23.3
膳食纖維（公克）	3.5

營養師小叮嚀

1. 1 碗含有約 1 份醣類及將近 1 份蛋白質，2～3 歲孩子，每日食用 2 次點心，每次可食用 1 碗。4～6 歲孩子，每日食用 3 次點心，每次食用 1 碗，需在正餐扣除半份蛋白質，如無水滷豆乾半塊。
2. 綠豆在食物分類上雖為全穀雜糧類，實際上也是富含蛋白質的食物，素食的孩子建議多選擇豆科植物以增加蛋白質的食物豐富性。

主題 9
營養點心
（2～3 歲）

食譜 17 份量：3 碗（每碗為 1 人份，可製 3 碗）

翡翠燕麥湯

營養分析（1 碗）

營養成分	熱量
	185.9 大卡
醣類（公克）	17.4
蛋白質（公克）	6.8
脂肪（公克）	15.7
鈉（毫克）	2
鐵（毫克）	1.6
鋅（毫克）	1.1
鈣（毫克）	29.8
膳食纖維（公克）	5.0

營養師小叮嚀

1. 含約 1 份醣類及 1 份蛋白質，2～3 歲孩子，每日食用 2 次點心，每次可食用 1 碗。4～6 歲孩子，每日食用 3 次點心，每次食用 1 碗，需在正餐扣除半份蛋白質，如無水滷豆乾半塊。
2. 燕麥鐵質含量高，翡翠燕麥湯 1 碗含有 1.6 毫克鐵質，可增加全素孩子的鐵質攝取。

食材

青豆仁 150 公克、煮熟燕麥米 80 公克、熟核桃 25 公克、熱開水 400 毫升

調味料

鹽 1 / 2 茶匙、白胡椒粉少許、植物油少許

Tips

- 核桃不須全部打碎，可留 1 ～ 2 顆壓碎後撒在湯上，能增加口感及香氣。

作法

1. 先熱鍋，加入少許油把青豆仁炒熟備用。
2. 將炒熟的青豆仁、熟的燕麥米、核桃、熱開水、鹽和白胡椒粉放入調理機打勻即可。

主題 9
營養點心
（2～3 歲）

食譜 18 份量：20 人份
燕麥杏鮑菇油飯

食材

燕麥米 1 米杯（160 公克）、圓糯米 2 米杯（320 公克）、杏鮑菇 1 條、乾香菇 12 公克（6 朵）、薑 5 片、黑麻油 2 湯匙、植物油 2 湯匙

Tips

・燕麥米及圓糯米製備較費時，因此一次製備量可多些，除了可作為餐間點心外，也可取代正餐的全穀雜糧類。

調味料

黑豆蔭油膏 2 茶匙、醬油 1 茶匙、適量白胡椒粉

作法

1. 燕麥米洗淨，泡水約 4 ～ 5 小時。圓糯米洗淨，泡水約 2 小時。
2. 把泡好的燕麥米和圓糯米分別放入蒸鍋（或蒸籠），用大火蒸 25 分鐘即可。（若使用電鍋蒸，外鍋需加 1 杯水，鍋內加半杯水，不然米的口感會過硬。）
3. 杏鮑菇洗淨撕成細絲，起油鍋加 2 湯匙植物油炒至金黃。
4. 小火將 2 湯匙黑麻油和薑爆香，加入香菇絲炒香，再加入炒好的杏鮑菇絲拌炒。依序加入燕麥米和糯米，再加入黑豆蔭油膏和醬油調味拌勻，起鍋前加入適量的白胡椒粉即可。

營養分析（1 份）

營養成分	熱量
	103.6 大卡
醣類（公克）	17.9
蛋白質（公克）	2.2
脂肪（公克）	2.4
鈉（毫克）	22
鐵（毫克）	0.4
鋅（毫克）	0.3
鈣（毫克）	3.1
膳食纖維（公克）	0.8

營養師小叮嚀

1 份含有約 1 份醣類及將近 0.5 份蛋白質，2～3 歲孩子，每日食用 2 次點心，每次可食用 1 份，再額外搭配水煮鷹嘴豆等作為配料。4～6 歲孩子，每日食用 3 次點心，每次可食用 1 份。

主題 9
營養點心
（2～3歲）

食譜 19 份量：5 杯（每杯為 1 人份，可製 5 杯）

糙米堅果花生米漿

營養分析（1 杯）

營養成分	熱量
	109.0 大卡
醣類（公克）	12.5
蛋白質（公克）	3.0
脂肪（公克）	5.9
鈉（毫克）	1
鐵（毫克）	0.4
鋅（毫克）	0.5
鈣（毫克）	17.3
膳食纖維（公克）	1.1

營養師小叮嚀

1. 1 杯含有約 1 份醣類及將近 0.5 份蛋白質，2～3 歲孩子，每日食用 2 次點心，則每次可食用 1 杯米漿，並在打米漿時，1 / 4 水以無糖豆漿取代。4～6 歲孩子，每日食用 3 次點心，則可每次食用 1 杯米漿。

食材

糙米 40 公克、核桃 20 公克、美國杏仁 20 公克、黑金剛花生 20 公克、水 3500 毫升、糖 25 公克

Tips

‧ 年紀較小的孩子，若無法一次喝這麼多，可以在打米漿時，自行調整水分。

作法

1. 先把糙米洗淨後，泡水 2 小時。
2. 將核桃、美國杏仁和黑金剛花生放進烤箱，以 120 度 C 烘烤約 15 分鐘。
3. 用食物調理機將作法 ❶ 及作法 ❷，加入 3500 毫升的水打勻後，入鍋用小火加熱煮滾即可。

主題 9
營養點心
（2～3 歲）

食譜 20 份量：8 人份

鷹嘴豆酪梨三明治

食材

煮熟的鷹嘴豆 180 公克、酪梨 180 公克（約 1 顆）、新鮮玉米粒 30 公克、香菜少許、大片吐司 2 片切邊

調味料

冷壓橄欖油 1 茶匙、鹽少許、黑胡椒 1 / 4 茶匙、檸檬汁 1 茶匙

Tips

- 如果孩子不喜愛香菜可省略。可額外加上花生醬，更添風味！但須注意孩子是否過敏。
- 可使用海苔片作造型以增加孩子食用點心的動機。

作法

1. 先把鷹嘴豆洗淨後泡水，浸泡時間約 8 小時，放入電鍋以外鍋 2 杯水蒸熟。
2. 新鮮的玉米粒用水汆燙後撈起放涼。香菜切細末。
4. 酪梨切開去籽放入盆中，依序加入鷹嘴豆、玉米粒及香菜搗碎，再加入所有調味料拌勻即成餡料。
5. 將餡料分成 8 份，每份量放在 1 / 4 片吐司上，即完成。

營養分析

（平均每份餡料 +1 ／ 4 片吐司）

營養成分	熱量
	148.4 大卡
醣類（公克）	24.2
蛋白質（公克）	6.3
脂肪（公克）	4.4
鈉（毫克）	57
鐵（毫克）	1.4
鋅（毫克）	0.8
鈣（毫克）	25.6
膳食纖維（公克）	4.5

營養師小叮嚀

1. 每份含 1 份醣類及 1 份蛋白質，2～3 歲孩子若每日食用 2 次點心，每次可食用 1 份。4～6 歲孩子，若在三正餐中已達到足夠蛋白質攝取量，每日 3 次點心中，可將鷹嘴豆減少一半。
2. 酪梨富含脂肪，除可幫助脂溶性維生素 A、D、E、K 的吸收，同時也含有豐富纖維，每份量可提供 4.5 g 膳食纖維）。

2~6歲幼兒全素營養全書

國家圖書館出版品預行編目 (CIP) 資料

2~6 歲幼兒蔬食營養全書 / 台北慈濟醫院營養科著 . -- 2 版 . -- 臺北市 : 新手父母出版 , 城邦文化事業股份有限公司出版 : 英屬蓋曼群島商家庭傳媒股份有限公司城邦分公司發行 , 2024.04
面 ; 　公分 . -- (育兒通 ; SR0097X)
ISBN 978-626-7008-78-2(平裝)
1.CST: 育兒 2.CST: 小兒營養 3.CST: 素食食譜
428.3 　　113003173

作　　者／台北慈濟醫院營養科
選　　書／林小鈴
主　　編／陳雯琪

行銷經理／王維君
業務經理／羅越華
總 編 輯／林小鈴
發 行 人／何飛鵬
出　　版／新手父母出版
城邦文化事業股份有限公司
台北市南港區昆陽街 16 號 4 樓
電話：(02) 2500-7008　傳真：(02) 2502-7676
E-mail：bwp.service@cite.com.tw
發　　行／英屬蓋曼群島商家庭傳媒股份有限公司城邦分公司
台北市南港區昆陽街 16 號 8 樓
讀者服務專線：02-2500-7718；02-2500-7719
24 小時傳真服務：02-2500-1900；02-2500-1991
讀者服務信箱 E-mail：service@readingclub.com.tw
劃撥帳號：19863813
戶名：書虫股份有限公司

香港發行所／城邦（香港）出版集團有限公司
香港灣仔駱克道 193 號東超商業中心 1F
電話：(852) 2508-6231　傳真：(852) 2578-9337
E-mail：hkcite@biznetvigator.com
馬新發行所／城邦（馬新）出版集團 Cite(M) Sdn. Bhd. (458372 U)
11, Jalan 30D/146, Desa Tasik,
Sungai Besi, 57000 Kuala Lumpur, Malaysia.
電話：(603) 90563833　傳真：(603) 90562833

封面、版面設計／徐思文
內頁排版、插圖／徐思文
製版印刷／卡樂彩色製版印刷有限公司
2019 年 1 月 17 日 初版 1 刷　　Printed in Taiwan
2024 年 4 月 16 日 二版 1 刷
定價 500 元
ISBN 978-626-7008-78-2(平裝)